大飞机出版工程

# 商用飞机维修人为因素
# 研究与适航审定

顾 新 张柱国 任 斌 著

上海交通大学出版社
SHANGHAI JIAO TONG UNIVERSITY PRESS

**内容提要**

本书系统地介绍了在商用飞机设计与适航审定过程中的维修人为因素设计过程。全书分 5 章。第 1 章介绍了商用飞机维修人为因素的基本概念,阐释了航空安全和维修质量的重要性;第 2 章介绍了人为因素的理论基础;第 3 章引入维修可达、维修安全、维修差错和维修简便四大要素的概念,详细介绍了商用飞机维修人为因素各设计要素的分析和验证方法;第 4 章论述了商用飞机维修人为因素的审定工作,梳理了对应的适航条款;第 5 章为对商用飞机维修人为因素审定的思考。

本书可供从事民用飞机型号研制、适航审定和适航维修相关的工程技术和管理人员参考使用,亦可作为航空院校从事飞机设计和维修的本科生和研究生的教学参考书。

**图书在版编目(CIP)数据**

商用飞机维修人为因素研究与适航审定/顾新,张柱国,任斌著. —上海:上海交通大学出版社,2024.11
ISBN 978 - 7 - 313 - 29717 - 4

Ⅰ.①商… Ⅱ.①顾…②张…③任… Ⅲ.①民用飞机—维修②民用飞机—适航性 Ⅳ.①V267②V271.1

中国国家版本馆 CIP 数据核字(2023)第 215919 号

**商用飞机维修人为因素研究与适航审定**
SHANGYONG FEIJI WEIXIU RENWEI YINSU YANJIU YU SHIHANG SHENDING

著　　者:顾　新　张柱国　任　斌
出版发行:上海交通大学出版社　　　　　　　地　　址:上海市番禺路 951 号
邮政编码:200030　　　　　　　　　　　　　电　　话:021 - 64071208
印　　制:上海颛辉印刷厂有限公司　　　　　经　　销:全国新华书店
开　　本:710mm×1000mm　1/16　　　　　印　　张:11.75
字　　数:201 千字
版　　次:2024 年 11 月第 1 版　　　　　　　印　　次:2024 年 11 月第 1 次印刷
书　　号:ISBN 978 - 7 - 313 - 29717 - 4
定　　价:88.00 元

# 作者简介

## 顾　新

中国民用航空上海航空器适航审定中心主任,高级工程师。C919、ARJ21、AG600 型号审定维修协调委员会主任。曾任 C919 大型客机型号合格审定委员会主任,长期从事航空器适航审定和适航维修管理工作,曾组织航空公司运行合格审定、维修单位合格审定、运输类飞机型号合格审定和认可审定等工作;经授权组织和参与了民航局飞行标准司、适航审定司有关规章及相关咨询通告/文件立法和修订工作,长期开展航空器维修人为因素和可维修性设计研究,将维修性设计的理念融入型号研制和审查过程中,搭建起初始适航和持续适航的新桥梁。

## 张柱国

中国民用航空上海航空器适航审定中心高级工程师。长期从事飞机结构强度(含客舱安全)的适航审定工作。完成了 ARJ21 - 700 飞机及公务机、客改货、医疗机等改型,C919 大型客机的适航审查,并主要开展了 C919 飞机维修人为因素的审查,为交付后的顺畅运行奠定了坚实基础;参与完成了空客、波音、湾流、安博维、庞巴迪等公司诸多飞机型号的认可审查;开展了多项民航局和工信部课题的攻关项目,发表了多篇论文。

## 任　斌

上海飞机设计研究院高级工程师。长期从事 C919 飞机、ARJ21 - 700 飞机维修性设计、分析和验证工作,参与了 ARJ21 - 700 飞机 MSG - 3 分析工作,主要开展了 C919 飞机的维修性顶层方案制定、维修性指标设计、维修性定性定量分析等全寿命周期维修性设计工作。

# 编　委　会

**主　　编**：顾　新

**执行主编**：张柱国

**副 主 编**：黎先平　侯慧卿　刘松岑

**委　　员**（按姓氏笔画排序）

叶群峰　邢广华　任　斌　苏　艳　李志明

肖　峰　吴兴旺　吴　军　吴新宇　宋卫国

张迎春　岳　霆　郑晓铭　袁庆铭　高书魁

樊智勇

# 序　一

从曾经的运 10 - 飞机横空出世与无声谢幕,到 C919 大型客机降落首都国际机场实现商业首飞,中国人的大飞机梦想历经了坎坷和迷惘,但永不放弃,让国产民机翱翔蓝天的夙愿从未改变。

伴随着 ARJ21 - 700 飞机量产交付,C919 大型客机交付运营,中国民机产业蓬勃发展。中国民航正从"航空大国"向"民航强国"飞速迈进,这将对民航安全提出更高的要求。安全是民机行业的唯一生命线,也是至高无上的追求。"墨菲定律"告诉我们,那些看似微小的行为和决策,都可能成为航空器事故的导火索。适航规章是民用航空产品安全性的核心保障,完善的适航规章体系是民航强国的重要标志。随着我国大型客机和航空发动机等重大科技专项的实施,进一步完善我国适航规章体系建设必要且紧迫。

《商用飞机维修人为因素研究与适航审定》一书,正是在这样的背景下应运而生。本书剖析了航空适航规章中有关维修人为因素的技术内涵,首次深入梳理并研究了民用飞机相关维修人为因素的适航审定关联条款,这是中国自主规章万里长征路途上迈出的非常坚实的一大步,填补了业界的空白。同时,创新性地提出了维修人为因素的符合性思路和有关设计指导,架设了航空维修和航空器初始适航审定的新桥梁,也为飞机交付后的顺畅运行、安全翱翔和经济运营奠定了坚实基础。

希望各位读者,不论是飞机设计师、航空维修从业者,还是航空安全管理者,都能从本书中得到启示与指导。愿本书能够成为推动商用飞机维修安全进步的重要力量,为搭建人与天空之间的安全桥梁添砖加瓦。

徐超群

# 序　二

2022年12月9日,中国商用飞机有限责任公司向中国东方航空交付全球首架C919大型客机(注册号为B‑919A),这是继C919飞机在2022年9月29日获颁中国民航局型号合格证之后,我国大飞机事业征程上的又一重要里程碑,意味着历经几代人的努力,我国民航运输市场首次拥有中国自主研发的喷气式干线飞机。C919大型客机是按中国民航局运输类适航标准设计和验证的飞机,研制过程中也同时应用了国际适航标准。

从作为中国民机探路者的ARJ21‑700飞机到作为抢滩者的C919飞机,中国大飞机已经鹏程万里,民机的可维修性设计也取得了长足的进步。可维修性设计的好坏,不仅影响飞机的安全性和可靠性,也决定了飞机的经济性和商业价值,航线顺畅运行、航司盈利能力和满意度都与此息息相关。如何通过对维修人为因素设计的研究,建立可维修性设计的标准和规范,实现从一般的可维修到好维修的转变,提高飞机的日利用率,减少非计划停场日,使飞机始终处于持续适航状态,保证运行安全,《商用飞机维修人为因素研究与适航审定》一书给出了独到的见解。

该书深入剖析了人体工程学、心理学和本能习惯等因素如何在航空维修过程中发挥着作用,从以可靠性为中心的维修到民机维修人为因素的适航审定,每一个细节都映射出维修人为因素的影响。作者不仅仔细审视维修设计、审查的技术与方法,而且还着重强调在各个环节中考虑人为因素的重要性。书中的论述基于一个核心前提:"每个人人都会犯错误,在维修领域中,无论是事故的预防还是效率的提升,理解和优化人为因素都势在必行"。

　　该书将飞机的维修和人为因素结合起来,从飞机设计上游,而不是传统的飞机维修下游进行介绍,纵观群书,这还是第一次。这是首部提供维修人为因素设计和审定的指南,为航空设计人员、维修人员、审查方以及管理决策者提供宝贵的见解和实践策略。愿此书能启发航空从业者,努力改进每一处设计细节,促进航空安全,提高维修性,为 ARJ21 - 700 和 C919 飞机等国产民机的商业成功,C929 飞机的成功研制和翱翔蓝天贡献一份知识力量。

吴光辉

# 前　　言

随着全球科学技术的发展,商用飞机的设计研制体系已趋于完整,纵观全球,维修人为因素的研究已长达半个世纪,早在 20 世纪 40 年代时,欧美就开始了人为因素研究。近十年来,在国家大型客机发展战略的部署下,维修性设计的重要性得以突显。维修性设计直接影响民机的经济性和市场竞争力,而维修人为因素又是维修性设计里新兴的、可持续发展的、与国际接轨的重要研究方向。商用飞机的维修人为因素设计能够提升飞机的安全性、可维修性、可靠性和测试性,提高国产民机的市场竞争力,同时也提升了我国民机适航审定的技术水平。然而,我国商用飞机设计研制工作始于 20 世纪 60 年代,起步较晚,国内仍然缺乏对民机维修人为因素研究的系统性的、指导性的技术资料。本书作为商用飞机维修人为因素与适航系列丛书,从商用飞机维修人为因素的四大要素出发,结合人体工程学、生理学、医学等学科,系统地介绍了在商用飞机设计与适航审定过程中的维修人为因素设计过程,可以作为高校相关专业学习的参考书。同时,书中给出了很多工程实践案例、适航条款解读,旨在为从事相关专业的工程技术人员和学生提供参考,使之成为一本实用性较强的参考书。

本书的作者均为奋战在民机审定、研制一线的审查人员和工程技术人员及专家,在型号的审定和民机的研制中积累了许多宝贵的经验。在内容上不仅参考了国内外相关资料,而且融入了作者在民机审定、研制的工作实践中,探索的道路和心得体会,并提供必要的实例说明。在写作时,作者始终力求突出理念先进性、基础详实性和工程实用性。

全书共分为5章。第1章介绍了商用飞机维修人为因素的基本概念定义、研究意义、发展历程和现有模型,阐释了航空安全和维修质量的重要性,通过数据分析,盘点了历年来由于维修人为因素设计不佳而导致的航空事故。本章可作为商用飞机设计、审定、航空维修从业人员以及院校人为因素相关专业学生的参考资料。第2章,对人为因素的理论基础进行了介绍,从人体工程学的角度详细介绍了人体的视觉、听觉和触觉,并对相应人体器官的构成、特性、功能和防护进行了说明。同时,加入人体力学的知识,向读者介绍了人体力量的类型、肢体力量的出力范围、活动空间、人体主要尺寸及部位以及人体形态尺寸的应用,并附以相关图表供读者理解。同时,心理学的相关知识对研究维修人为因素来说是必不可少的。本章可作为商用飞机设计、审定、航空维修从业人员以及院校人为因素相关专业学生的参考资料。第3章,引入维修可达、维修安全、维修差错和维修简便四大要素的概念,详细介绍了商用飞机维修人为因素各设计要素的分析和验证方法,并附有相关准则和检查单样例供读者参考。本章可作为商用飞机设计人员和院校人为因素相关专业学生的参考资料。第4章,论述了商用飞机维修人为因素的审定工作,对比解读了各国维修人为因素相关适航条款。作者将各国现有的适航条款进行分类,梳理出维修可达、维修安全、维修差错和维修简便相对应的适航条款,对其进行详细地解读、对比,帮助读者了解这些适航条款的修订历史和符合性验证方法。此章是本书的重点章节。本章可作为商用飞机设计、审定人员以及院校人为因素相关专业学生的参考资料。第5章,作者根据工作实践提出了对商用飞机维修人为因素审定的思考和展望,引入维修人为因素审查组和首家用户维修委员会的组织概念,让局方、航空公司、飞机制造商有效地共同参与到飞机的可维修性设计和适航审定工作。最后介绍了用于维修人员的系统设备和结构设计与审定的最佳实践。本章可作为商用飞机设计、审定、航空维修从业人员的参考资料。

本书内容是在集思广益的基础上,结合型号研制和审定过程中的科研经验而完成的。参编人员主要来自中国民用航空上海航空器适航审定中心、上海飞机设计研究院和东方航空技术有限公司,各章执笔人员安排如下:第 1 章由顾新、张柱国和任斌编著;第 2 章由任斌、吴承远、张柱国编著;第 3 章由顾新、张柱国、任斌和叶思远编写;第 4 章由张柱国、邢广华、黄铭媛、刘春阳、李焱鑫和黄俊编写;第 5 章由顾新、张柱国、任斌、吴承远、蔡钧凯和白卫国编写。全书由顾新主审,张柱国、任斌和吴承远负责统稿和编排。中国商用飞机有限责任公司型号副总设计师黎先平和上海飞机设计研究院质量管理部部长叶群峰对本书提出了诸多建设性意见。上海飞机设计研究院郑蓝、向维、刘彦波、吴旭琤、朱海燕、刘子杭、陈银、王洁萱,南京航空航天大学副教授苏艳等人参与了部分内容的编写支持和文字、图片处理等工作,在此一并表示衷心的感谢。

在本书历时一年半的编写过程中,得到了许多同行专家和老师的大力支持和帮助,书中还引用和参考诸多文献资料,所参阅或借鉴的文献全部列入最后的参考文献中。此谨向所有提供支持和帮助的专家和老师们表示衷心的感谢。

由于本书编写人员的知识和经验有限,本书无论是在章节结构、内容编排还是在技术水平和文字描述等方面,难免会有处理不妥、疏忽错漏之处,诚望广大读者提出宝贵的意见。

本书尽可能从适航审定、工程研发实际出发,可供从事民用飞机型号研制、适航审定和适航维修相关的工程技术人员以及管理人员参考使用,亦可作为航空院校从事飞机设计和维修的本科生和研究生的教学参考书。

作者

# 目　　录

**第1章　商用飞机维修人为因素概述　1**

1.1　研究背景　1

1.1.1　航空维修业地位　1

1.1.2　航空维修人为因素事故统计与案例　1

1.2　维修人为因素概念定义　5

1.3　维修人为因素发展过程　6

1.3.1　人为因素研究在民用航空界的起源　6

1.3.2　民用航空维修人为因素研究发展　7

1.4　维修人为因素与维修性的关系　8

1.5　维修人为因素意义　12

**第2章　人为因素理论基础　14**

2.1　人体尺寸　14

2.1.1　人体主要尺寸及部位　14

2.1.2　人体尺寸百分位数　18

2.1.3　人体形态尺寸应用举例　18

2.2　视觉　20

2.2.1　视觉特征　21

2.2.2　视野　22

2.2.3　影响视力的因素　23

2.2.4　色觉　24

2.2.5　照度　24

2.2.6　保护措施　25
2.3　听觉　25
2.3.1　基本功能　26
2.3.2　听力特征　26
2.3.3　噪声对人的影响　28
2.3.4　保护措施　28
2.4　触觉　28
2.4.1　触觉特征　29
2.4.2　触觉失调的影响　30
2.5　人体力学　30
2.5.1　人体力量的类型　30
2.5.2　肢体力量的出力范围　31
2.5.3　人体肢体活动空间　32
2.6　心理学　33
2.6.1　疲劳　33
2.6.2　压力　35
2.6.3　习惯　38

第3章　商用飞机维修人为因素设计　43
3.1　维修人为因素要素集　43
3.1.1　概述　43
3.1.2　维修可达性　43
3.1.3　维修安全　43
3.1.4　维修简便　44
3.1.5　维修防差错　44
3.2　维修可达设计与验证　45
3.2.1　维修可达设计准则　45
3.2.2　维修可达性分析方法　49
3.2.3　虚拟维修仿真可达性分析方法　50
3.3　维修安全设计与验证　54
3.3.1　概述　54
3.3.2　维修安全的设计要求　55
3.3.3　维修安全分析方法　55

3.3.4 减少维修安全事件的防范措施 57

3.4 **维修简便设计与验证** 58

3.4.1 标准化、互换性、模块化 58

3.4.2 维修工具及设备 61

3.4.3 维修标识 63

3.4.4 维修测试方便性 68

3.4.5 维修口盖 69

3.4.6 LRU 划分 72

3.4.7 LRU 航线可加载 73

3.5 **维修防差错设计与验证** 74

3.5.1 维修防差错设计准则 74

3.5.2 防差错分析要求 75

**第4章 商用飞机维修人为因素审定** 78

4.1 **概述** 78

4.1.1 维修可达性相关条款 78

4.1.2 维修差错相关条款 79

4.1.3 维修安全相关条款 79

4.1.4 维修简便相关条款 79

4.2 **维修人为因素相关条款解读与修订历史** 80

4.2.1 维修可达相关条款 80

4.2.2 维修差错相关条款 100

4.2.3 维修安全相关条款 103

4.2.4 维修简便相关条款 119

4.3 **条款符合性验证方法** 145

**第5章 商用飞机维修人为因素审定的思考** 148

5.1 **引言** 148

5.2 **工程实践** 150

5.3 **推荐和建议** 151

5.3.1 维修可达 152

5.3.2 紧迫性、频繁性设计要求转化 153

5.3.3 维修标识 155

5.3.4　维修操作的预期　156

5.3.5　维修差错　157

5.3.6　维修空间设计的人因考虑　159

5.3.7　环境因素的设计考虑　162

**附录　缩略语**　165

**索引**　168

**参考文献**　169

# 第1章  商用飞机维修人为因素概述

## 1.1  研究背景

### 1.1.1  航空维修业地位

自从航空器被发明以来,航空安全一直广受关注,相较于陆地或是水上交通,高空作业环境更加危险,为此人们采取了众多措施来保障航空安全。为此,航空管理部门对航空安全提出了非常高的要求,只有不断完善质量管理流程,才能确保航空事业不断适应社会发展,保持较大的进步空间。其中,航空维修业是确保航空安全的重要一环。

航空维修是伴随着飞机的诞生而出现的,是伴随着航空事业的进步而发展的。航空维修质量管理是飞机全生命管理的重要组成部分,直接关系到飞机的可靠性水平和安全性水平。要确保维修产品的质量,就需要航空维修的质量管理工作不断地发展和提高,以适应航空业的发展和变化。随着新技术的发展,航空维修检测技术经历了从原始的五官检测到现今的机内自检测、自诊断技术与人工智能测试的过程。机载设备日益增多,航空装备日趋复杂,这就要求必须有与之相适应的维修保障技术。在高技术条件下,维修保障技术的关键环节就是要有先进的检测技术和检测设备。

### 1.1.2  航空维修人为因素事故统计与案例

由于航空运输的运作环节很多,每次导致航空事故的原因也是千差万别的,但大体上分为自然天气、机械故障、飞行员操纵、维修不当、空中交通管制和其他原因(包括装载问题、恶意破坏以及不明原因等)。由此可知航空事故的原因不外乎两大方面,即客观原因和主观原因。除天气原因和机械故障属于客观原因外,其余都属于主观原因。这类事故也可称为由人为因素引起的差错而导致的事故。

随着科学技术的进步,以及大量新技术在航空器上的应用,航空器的安全性和可靠性得到了很大的提高。20世纪末的研究表明,由于飞机系统的改进和发展,由飞机机械原因造成的事故已大大减少,与人为因素相关的飞行事故率增至80%。人们逐渐意识到,飞机的可靠性已远高于人的可靠性,人为因素导致的差错会对飞机构成更大更致命的威胁,航空安全的重点应逐步从飞机转移到人的身上。

飞机维修是航空系统不可或缺的组成要素。随着全球空运量的增长,飞机的利用率快速上升,再加上航空公司对正点率的需求,种种原因导致维修工作的压力大大增加,人为失误的概率也随之增加。

根据波音公司的统计:1994—2003年间全球民用航空喷气式飞机有70%的飞机失事是由人为因素引起的,其中共发生五次因维修因素导致的全毁(hull loss)失事事件,占失事总数的4%,而维修人为因素又是其中最大主因。另根据ISASI(2002)的统计,1977—2001年间因维修差错导致的大型客机失事总数为44架,共造成2 200人死。近年来统计数据表明,与人为因素相关的飞行事故呈明显上升趋势,其中机组原因占比下降3%,空中管制原因占比下降1%,而与维修有关的事故占比不降反升,由原来的3%上升至6%。维修过失并没有随着飞机设计的进步而减少,相反却在不断增多。

在航空维修过程中,人为因素处处在起着作用,直接影响维修的安全和效率。航空维修包括以可靠性为中心的维修、全系统全生命维修管理、航空维修管理职能、航空维修资源配置与优化、航空维修信息管理、航空维修管理技术与方法等环节。每一个环节都有人为因素的问题。在一些航空器事故当中,维修人为因素是事故发生的主要原因,在另外一些事故中,维修人为因素是链条中的一个环节。所以在航空维修过程中重视人为因素刻不容缓。

1979年5月25日,美国航空DC-10型客机191号航班从奥黑尔机场前往洛杉矶国际机场,机上有258名乘客和13名机组人员。当日时间15时2分,航班被许可拉起机头滑行,在滑行将近2 000 m时,左翼一号发动机突然脱落,并向上飞起后砸在跑道上。随后,飞机拉着雾化尾迹,以正常姿态爬升至离地面大约100 m。飞行员试图将空速从165 kn调整至推荐的发动机失效爬升速度153 kn,但是发动机的脱落严重损伤了控制前缘缝翼的液压管线,导致副驾驶的仪表断电并未显示。机械师也未启动备用电源按钮,因为该程序是对巡航过程中的异常情况的处理程序,而不是起飞时的紧急处理程序。飞行员无法从座舱的窗户中看到发动机的情况,而塔台管制员也没有将他们看到的情况通知飞行员。由于液压油泄漏,左翼的前缘襟翼被收起,使机翼的失速速度从 124 kn 上升至 160 kn,进而造成升力严重下降。随着飞行员降低飞行速度,左翼开始失速,而右翼却仍然提供升力。在大约 100 m 的高度,飞机很快失去控制向左倾斜至 122°,机头指向地面,在距离跑道头约 1 400 m 的开阔地撞击地面。飞机随即解体并燃烧,机上 271 人及地面 2 名工人罹难,造成了美国本土史上伤亡最多的空难。经调查,美国航空的维修部门在发动机维修时,为了省下二百多小时的维修工时及金钱,把发动机和吊挂一起拆下来并且搁放了一夜才装回去,违反 DC - 10 研制商麦道公司的维修程序,以致吊挂和机翼结合区内形成裂缝,最终导致飞机起飞后发动机与吊挂脱离,液压系统严重损坏,飞机失去控制而坠毁。美国航空因维修失当被美国政府罚款 50 万美元。

1985 年 8 月 12 日,日本航空波音 747 - 100SR 型客机 JAL123 号航班,编号 JA8119,搭载 509 名乘客及 15 名机组人员,从日本东京的羽田机场预定飞往大阪伊丹机场。飞机起飞不久后,有乘客说要上厕所,但他离开座位后,就突然发生了爆炸,导致客舱内开始失压。机长不知道事故的原因,紧急发出 7700 的代码,联系了塔台要求返回东京羽田机场。但是飞机已经不能控制方向舵,只能一直往前飞,液压系统也全部失效,副驾驶建议赶紧向塔台求救,但是机长却没有听劝,因为他不想把事情扩大。地面塔台人员无法跟班机取得联系,及时清空机场等待该航班迫降,后来这架班机以 640 km/h 的速度,直接坠毁在关东地区群马县御巢鹰山区附近的高天原山(距离东京约 100 km),强大的冲击力导致飞机爆炸解体。塔台赶紧组织营救人员,但是飞机坠毁在山上,地势崎岖不平,直升机无法降落,再加上他们觉得发生这么严重的空难,已经没有生还者,也不愿意冒着风险去营救。直到飞机出事 14 h 后,救援人员才到达现场,最终只有四名幸存者。经过调查,引发此次事件的原因是飞机之前受过损伤,没有得到及时的修补。这架飞机早在 1978 年 6 月 2 日,执飞 JAL115 号航班时,在伊丹机场着陆时因角度过大导致机尾部分触地损伤,造成 25 人受伤(日本航空 115 号班机事故),但是飞机制造商波音公司没有妥善地处理,他们只使用了两块不连续的结合板来进行修补。另外从 1985 年 2 月至失事前,该客舱后部的厕所门发生过 28 次故障,然而维修报告书中并未将厕所门的故障原因归结为上次事故导致的机体变形。此次事故中,飞机飞到 7 000 m 高空时,面板的压力达到了极限,被强大的气压差压到爆炸(就是舱内发生的爆炸),液压尾线被扯断,液压系统严重损坏导致飞机不受控制,造成了有史以来最大的空难。后来,日本航空赔偿了 7.8 亿日元给遇难者家属。

1990 年 6 月 10 日，英国航空机身编号为 G‑BJRT 的 BAC‑111 型客机，执行 5390 次航班，从英国伯明翰机场出发前往西班牙马略卡岛。7 时 33 分，飞机爬升至 17 300 ft①(5 300 m)的高度。突然，驾驶舱发出巨响，机身在高空失压，位于驾驶舱左侧的正驾驶位置的防风玻璃脱落，飞机高度急剧下降。副驾驶冷静处置，开始进行紧急着陆程序，重新开启自动驾驶系统。7 时 55 分，飞机安全降落，乘客被安全疏散撤离，机长被立即救治。据调查，该飞机出事前 27h 曾更换挡风玻璃。当时维修部门没有参考飞机的维修档案，而是以"尽量相似"的准则，通过肉眼对比的方法选择了 90 颗牌号为 7D 的螺栓，而实际飞机上安全的螺栓牌号应为 80D,7D 螺栓在直径上仅比飞机目录里规定的螺栓小了 1/200 ft，用肉眼很难分辨，在昏暗的仓库里就更难。最终这个小小的错误，险些葬送了 5390 次航班上所有人的性命。在最终出炉的调查报告中，这起事件的根本原因被归结为机场维修技师工作压力过大导致犯错。调查方谴责英国航空没有好好监督维修部门的管理，并责成其在规章制度、组织管理、零件管理等多项措施上进行整改。这次事件也令业内关注到了飞机挡风玻璃的设计瑕疵，是否应该使用更大的螺栓来抵挡强大的气压。

1994 年 6 月 6 日，中国西北航空公司注册号 B2610 的图‑154 型飞机，执飞由西安飞往广州的 2303 次航班。8 时 13 分起飞，飞机从西安咸阳机场起飞 24 s 后便发生自动导航系统故障，在没有任何指令的情况下突然开始向左和向右倾斜 20°，导致迎角上升 20°。驾驶舱开始响起失速警告，飞机急转 65°并继续向左滚动。随后飞机在猛烈的摇晃中解体，飞机残骸坠落在距离咸阳机场东南方向约 18 mile②的地方。机上人员 160 名全部遇难，其中包括 14 名机组成员和 146 名乘客，是当时我国遇难人数最多的一起空难。事故调查结果显示，图‑154 飞机的航电系统插口设计不当，没有防错设计，很容易发生插头差错情况。空难发生前一天，机务人员在更换ⅡKA‑31 安装架时，将倾斜阻尼插头Ⅲ7 和航向阻尼插头Ⅲ8 插错，而又未能检查出来，让飞机的方向舵连接到了侧倾转向系统，这直接导致飞机动稳定性变差，操纵性能异常，起飞后产生摇摆，并无法得到抑制，飞机失控最终在空中解体。

深入分析这些航空维修事故可以发现，这些事故背后都与一个关键因素相关，那就是维修人为因素。例如：维修人员违规操作、零部件设计没有防差错设

---

① ft 为英制长度单位，1 ft=0.304 8 m。

② mile 为英制长度单位，1 mile=1.609 km。

计或者防错设计不到位、航空公司没有独立部门来检验和确认维修后的工作质量等。

航空维修人为差错带来的危害是巨大的,因此非常有必要认真分析研究航空维修人为差错的特征、产生原因等,提出预防航空维修差错的方法和措施。

## 1.2　维修人为因素概念定义

人为因素的英文是 human factors,在我国翻译成中文时有两种表述:人为因素、人的因素。关于人为因素的定义,通常指与人有关的任何因素,一些国家认为人机工程学就是人为因素,两者可互换使用。有些国家将人机工程学严格用于人-机系统设计问题的研究。目前,在民用航空业内普遍接受的权威定义是由国际民用航空组织在 1986 年 227 号咨询通告中给出的:"人为因素是有关人的科学:关于工作和生活环境中的人,人与设备、程序及周围环境之间的关系,人与其他人的关系;人的因素涉及航空系统中人的所有特征;它经常利用系统工程学框架,通过系统地应用人体科学知识,优化人的表现。其两个相互关联的目标是安全和效率。"

由此可见,人为因素是一门涉及心理学、生理学、人体测量学、工程学、医学、社会学和统计学等学科的边缘科学。对于民用航空领域,其研究目标是民用航空活动中人的表现,人是民用航空系统人、机、环中最活跃、最易受到影响的主体;研究手段是系统工程的思想和方法,这些方法对解决类似民用航空系统这样的大型复杂系统的问题,达到系统的最佳整体效益十分有效;最终目标是提高飞行安全和效益,通过研究、分析人为差错,寻求预防和克服的方法,保障飞行安全,研究人与系统中的硬件、软件和环境的相互关系,改善设计、使用和维护人的表现,提高整个系统的效益。

所谓"因素",即构成事物本质的成分或决定事物成败的原因或条件。航空维修中的人为因素研究,主要是研究航空维修人员工作时的影响因素,优化维修人员的工作表现,减少人为差错,保证民用航空安全。

人为差错,是人的行为的结果超出了可接受的界限。换言之,人为差错是指在生产操作过程中,实际实现的功能与被要求的功能之间的偏差,其结果可能以某种形式给系统带来不良影响。

人为差错一般包含以下五种情况:

(1) 未执行分配给他的职能;

(2) 错误地执行了分配给他的职能;

　（3）执行了未赋予的分外职能；

　（4）按错误的程序或在错误的时间执行了职能；

　（5）执行职能不全面。

　　航空维修中人为差错是指人的行为的结果偏离了规定的目标，并产生了不良影响，其表现为一种由维修人员行为导致的非意向性的航空器的缺陷，这种缺陷后果的轻重决定了维修差错的严重程度。

　　国际民用航空飞行安全审查最新统计表明，最常见的民用航空维修差错依次是不正确的安装、不完整的安装、维修中的零件损坏、工具丢失在飞机上、材料遗留在飞机上、维修人员受到伤害、不安全的操作系统等。最频繁的维修差错类型为服务不当、故障隔离不当、安装不当。加拿大运输部提出维修人员常犯的人为差错是沟通不良、心理压力、疲劳、自满大意、分心、缺乏团队精神、缺乏主见、缺乏资源、工作压力、专业知识不足、缺乏警觉、未能按工作手册进行。中国民用航空局颁布的维修人为差错的类别及比例如表1-1所示。

表 1-1　民用航空维修人为差错的类别及比例

| 维修差错类别 | 外航某公司 | 中国民用航空 |
| --- | --- | --- |
| 疏忽、遗漏 | 56% | 71% |
| 不正确的安装 | 30% | 17% |
| 装错件 | 8% | 5% |
| 其他 | 6% | 7% |

## 1.3　维修人为因素发展过程

### 1.3.1　人为因素研究在民用航空界的起源

　　人为因素在航空中的研究始于第二次世界大战，早期关注的问题多是噪声、振动、温度和加速度对人的影响。随着研究和应用的深入，逐步扩展到航空任务的认知方向（即决策和其他认知过程）；显示器和控制器的设计以及驾驶舱和客舱的布局设计；通信和计算机软件、地图和航图；航空器使用手册、检查单等文件。

　　人为因素在民用航空中的应用始于20世纪70年代。1978年，国际民用航空组织以大会形式号召各成员国重视人为因素的研究，出版了一系列有关的指导材料，并连续召开人为因素国际研讨会，推动世界民用航空对人为因素的专题研究。

### 1.3.2　民用航空维修人为因素研究发展

国际民用国航空公约附件 1"人员执照的颁发"(1989 年)中要求:航空维修执照持有人应具有与职责有关的人为表现和限制的知识。附件 6"航空器的运行"(1995 年)中要求:运营人维修方案的设计与应用必须遵循人为因素原理;维修机构编写的维修方案必须包括人为表现(包括与其他维修人员及飞行机组的配合)有关的知识与技能训练。附件 13"航空器事故和事故征候调查"(1994 年)建议建立自愿性事故征候报告系统:便于收集强制性事故征候报告系统可能收集不到的资料;自愿性报告系统须是非惩罚性的并应对资料来源提供保护(注:非惩罚性是自愿性报告系统的关键,鼓励各国通过在必要时调整其适用的法律、规章和政策,以方便和提倡自愿报告那些可能有害航空安全的事件)。

美国民用航空(民航)界自 1988—2002 年在美国联邦航空管理局(FAA)的主持下开展了一系列长达十多年的有关提高维修效率、减少维修差错、挖掘维修人力资源的研究。其间 FAA 公布了近 200 项研究报告,全部研究文献约有 8 万页,并编写了《航空维修人为因素指南》,从以下 16 个方面对维修中的人为因素进行了系统研究,取得了积极成果,提出了主要问题、方法和对策。

（1）航空维修中的人为因素;

（2）人为因素管理方案的建立;

（3）维修设施设计;

（4）维修作业设计;

（5）维修培训;

（6）测试和排故;

（7）维修人员和维修作业相关的因素;

（8）信息传递;

（9）沟通;

（10）人为差错;

（11）维修工作现场安全;

（12）轮班制度;

（13）维修自动化;

（14）维修资源管理;

（15）维修中的失能;

（16）性骚扰。

欧洲联合航空局（JAA）于 1998 年成立了维修中的人为因素工作组，在规章 Certifying Staff Maintenance（JAR－66）和 Approved Maintenance Organisations （JAR－145）中增加了维修人为因素的要求，人为因素被列入维修人员执照考试所要求的科目。

随着全球航空界广泛深入地开展人为因素的研究，中国民用航空业近 30 多年来也一直非常重视航空维修中的人为因素问题。中国民用航空规章《民用航空器维修单位合格审定规则（CCAR－145）》要求：对维修人员进行人为因素的培训；并充分考虑维修人为因素对维修工作的影响，避免对维修人员提出正常能力范围以外的要求。中国民用航空业力求寻找各种途径减少人为差错。

中国民用航空管理部门从 1992 年开始关注维修中人为差错问题，并对相关事件进行统计。1998 年，民用航空总局批准适航中心申报的"民用航空人为因素问题研究"课题，对民用航空维修中的人为因素问题进行研究。2000 年 4 月 3 日，民用航空总局下发了通知"关于开展人为因素研究工作"，将"人为因素研究及其应用"列为一项重要的科研课题，并且民用航空总局安全技术中心也组织开展了"民用航空人为因素研究及应用"课题研究。2001 年，民用航空总局组建了"民用航空人为因素课题组"，在科技部立项，组织飞行运行、适航维修和空中交通管理三个专业课题组分别展开人为因素的深入研究，其中维修领域有大量的研究成果。2002 年 5 月 1 日，民用航空总局飞行标准司下发咨询通告《航空人员的维修差错管理（AC－121－007）》。该通告给出了维修差错管理要求、维修差错调查表和填写指南。此通告的颁布说明我国民用航空管理部门已经将民用航空维修差错作为重要项目开始监管，并将不断地完善民用航空维修系统，提高民用航空安全水平。其间，还有多部关于人为因素在航空安全上的著作翻译出版，这也有效地促进了航空安全水平的全面提高。

## 1.4　维修人为因素与维修性的关系

维修性是产品的一种质量特性，是产品具有的一种便于维修、快速维修和经济维修的能力。维修性强调的是产品本身的特性，其好坏直接由设计水平高低决定。

微观上而言，维修人为因素是影响维修人员工作表现的因素。宏观上而言，维修人为因素是一门工程技术，研究维修人员与设备、程序、周围环境以及其他人员之间的关系,利用系统工程学框架,通过系统地应用人体科学知识,优化维修人员的工作表现,最终实现提高维修效率的同时减少维修差错,从而保证民用航空安全。维修人为因素研究最终是为了更好地提高产品的维修性,保证维修质量。

维修人员的工作环境通常较为恶劣,如面临高低温、狭小空间作业、高空作业,存在有害吸入物(喷漆和复合材料打磨等)的情况,并且飞机的外场维护维修通常安排在航班结束后的夜间,维护人员经常需要在照明情况不佳,与正常人体生理节律周期不相符的时间开展作业,因而易造成操作上的人为差错、对部件的损伤和维修人员本身的疲劳受伤。

随着现代航空技术越来越先进,结构越来越轻巧,维修费用不断增长,飞机数量大幅增加,维修人员工作负荷不断加重。根据 1990 年美国航空运输协会与美国联邦统计局的调查结果,1980—1988 年,美国飞机数量增加了 36%,客公里流量增加 65%,维修费用增加 96%,而航空维修人员仅增加 22%。且先进的金属材料和复合材料要求采用先进的检测与修复技术,因此,维修人员需要完成一些新的、传统上应由航空电子工程师完成的工作,这对维修人员的要求更高了。航空维修工作复杂,维修人员负担较重,此种状况下维修人员就比较容易出现工作失误,导致不应有的故障。若要消除维修造成的故障,必须在设计中尽量减少或消除易导致维修故障的隐患。

随着航空市场不断扩大,不同用户的维修人员构成不同,技术水平不同,工作条件不同。例如,不同国家维修人员的身体条件不同,工作时的气候条件也不尽相同。对于经过适当培训、工作合适并持有维修手册的维修人员,不能在体力等方面提出过高要求。这就要求在设计中努力改善产品的维修性,在维修性设计中进行人为因素工程(human factor engineering, HFE)分析,可以帮助设计人员确定和了解维修人员的情况与不同等级维修工作的环境,从而简化维修工作,减少因维修造成的故障,缩短维修周期。

FAA 和 JAA 在审批双发客机延程飞行(ETOPS)申请时要求对所有航线维修工作进行 HFE 分析。例如,为了满足波音 777 双发飞机在投入营运时能够获准 180 min ETOPS 的要求,在选装到该机的三种发动机(GE90、PW4084 和瑞达 800)的可靠性/维修性设计中均采用了 HFE 技术。FAA 确认了 HFE 在美国航空人为因素工程计划中的作用。

在航空器研制中,HFE 应是维修性设计工作的一部分。如果在研制过程中采用研制与开发(IPD)一体化或并行工程(CE)等先进的系统工程方法,HFE 专家应参与维修性工程(ME)工作组的工作,以促进 HFE 与设计结合。HFE 专家和 ME 专家应具备外场维护、部件开发、设计及用户支援等广泛的知识与经验,共同进行任务分析和图纸设计/检查。在工作中,他们应广泛听取用户,特别是直接从事维修操作的机械师的意见和建议,并将这些意见和建议反馈给设计部门。如果在任务分析中提出了潜在的 HFE 影响,则需根据不同的情况选用不同的方法对关键任务进行 HFE 分析,对后续工作提出建设性意见。在明确维修任务之后,需确定关键作业环节,并分析有关的问题。

设计中应考虑的维修性因素很多,与维修人因工程有关的因素主要有可达性(易达性)、标识识别、防差错设计、维修口盖设计、维修安全等。以下是一些常见的维修性人因设计问题:

(1) 一些飞机的操作空间相容性和可达性差,极大地增加了维修工作的难度;

(2) 有些飞机部件位置布局不符合人因工效学要求,有时为了排除一个故障,往往要拆卸几个无故障的设备,人为地增加了维修工作量,容易使维修人员忙中出错;

(3) 一些飞机的关键部位没有采取防错和容错设计,极易导致人为差错;

(4) 维修工具设计不合理,如工具设计不适合特殊姿势下手的把持捏握操作,工作梯的高度和推动装置设计不合适等,容易导致维修工作中丢、错、漏、损等情况发生。

对于维修通道和操作空间的问题,往往需要采用计算机进行模拟分析,或者采用模型进行模拟实验,才能得到正确的结果。

人体特征与能力是 HFE 考虑的核心内容。HFE 必须关心当前人口统计学指标,以保证现在的设计能适应未来维修人员的能力。为了参与全球竞争,HFE 必须了解各国维修人员的状况,包括年龄、性别,体力及技术等。由于世界上各国人的人体尺寸和比例差别也很大,HFE 的分析与设计还需参考国际人口测量学数据。在设计早期考虑了这些情况,就可以保证系统设计、结构设计、维修手册、保证设备和培训等工作能适应全球的状况。

在进行 HFE 分析时,通常是将维修作业预定为可以由 90% 穿着保护服的男女维修人员完成,为此将穿不同保护服的第 5 百分位女性和第 95 百分位男性的人体测量特征作为最小和最大的基准,并建立相应的人体模型供分析使用。该基准可以根据使用/维修人员的实际情况予以确定,分析时可根据实际情况选用一种或两种人体模型,或融合两种人体模型的有关参数建立一套模型来解决特定的问题。

对维修人员的主要限制因素包括:体力,即不同操作姿势与位置时力量的发挥,维修工具,服装,身体和视觉的可达性,以及技术水平,决策能力等。HFE 分析还需考虑不同等级的维修工作所处的环境,重点是简化航线维修条件下人的活动范围以及服装、照明和飞机转场停留的时间等影响因素。

目前,在民用运输类飞机的设计前沿,新一波的高科技工具可帮助人因设计师更好地开展维修性人因设计。计算机辅助人为因素工程技术可以说是计算机辅助设计(CAD)技术的自然发展。采用虚拟仿真技术引入三维人体模型,结合已有的产品几何模型,可评估可达性,还可预测在不同工作位置和姿势下维修人员力量的大小,这不仅有助于提高设计完整性,而且有助于保障设备和工作台的设计,同时大大简化了分析工作。现在,增强现实技术已开始初步运用在航空维修性设计中。

当计算机信息量较少,或 HFE 软件功能不够完善时,可以利用模型进行动态模拟。这是一种费用较高的传统方法,模型可用廉价的木质与泡沫材料制造,而且只表征与问题有关的特征,如重量、重心、身体和视觉可达性以及戴手套的手的灵活性等,公差要求低也有助于降低费用。例如,美国 GE 公司利用航线可拆换组件评估系统对发动机部件的拆装进行了真实的动态模拟,其中包括燃油调节器和附件与安装节的拆装等。所有的模拟都采用真实的保障设备或模型,模拟操作时维修人员在实际作业过程中可能遇到的最坏情况。发动机壁面和飞机结构用浅色的聚碳酸酯板制作,以便录像分析。再如,设计人员在某型发动机初始设计阶段进行了全功能数字式电子控制器(FADEC)的拆装模拟作业,以便确定 FADEC 与飞机舱壁的相互影响。通过模拟发现,拆装的操作空间不够,开发出最早的手工搬运物体说明书(包括托举极限、进行故障隔离和诊断时的安装力极限和手/工具间隔等),评估电路和发动机外部结构对接头拆装的影响,在 ME 分析中取得了精确的任务时间测量值,以及指出并证实了维修可能导致的故障情况。

另一种动态模拟方法是在人力工程实验室进行实验。例如,根据要求,HFE 专家可以和实验人员一起进行大量的扳扭实验,测定结构件的扳扭精度和力量需求,从而保证至少 90％的维修人员能在各种作业姿势下达到最小扭矩极限。实验之前应先测定实验人员的身高、体重、摸高、据距和标准体力,以便与其他人员的类似数据相比较。在不同的扳手类型(螺栓大小)、螺栓位置和指向(垂直、正对和侧对)以及扳手起始位置等条件下测定最大静态扭矩和目标扭矩精度,由此可以了解不同位置、大小和类型的紧固件对维修人员体力的要求,并确定达到要求的扳扭精度和重复性所需的培训水平。

## 1.5　维修人为因素意义

为什么航空维修业要如此关注人为因素问题? 原因是,关注人为因素可以提高民用航空业的安全水平,可以提高维修企业的经济效益,还可以保障维修人员的健康和安全。

民用航空产业是一个高风险、高投入的产业,同时又是一个高安全要求的行业,确保每次飞行安全是必要的出发点,对民用航空维修人为因素的探讨分析可以有效地降低事故率或者事故隐患,对确保民用航空安全有重要意义。

研究民用航空维修中的人为因素,分析人的可靠性,有助于从全新的角度,用全新的思维来思考民用航空中的维修人为因素新对策,对减少人为因素的负面影响,促进民用航空安全具有重要的现实意义。大量的统计研究已经表明,大多数民用航空事故都与人为因素有关。因此,开展民用航空中人为因素研究,识别民用航空中人为失误或人的不安全行为,探究人为失误的机理,找到引发人为失误的原因,必然会有助于人们跳出传统思维,从技术的角度去思考减少航空事故,转向同时考虑技术和人为因素从而减少人为失误的措施入手,去寻求减少航空事故的新思路,为避免航空灾难提供了新的理论支持。

同时,研究民用航空维修中的人为因素、分析人的可靠性,也是制订减少航空事故新战略思路的迫切需要。尽管各国航空部门都密切关注人为因素,人为因素研究也成为航空研究领域的热点课题,但是由于起步较晚,依然处于初始阶段,有些方面还处于空白。尤其是民用航空维修领域,还没有从人为因素方面特别是人的可靠性方面进行的系统的、定量的分析和研究。因此,深入开展民用航空维修中人为因素研究,系统分析维修过程中人的可靠性具有必要性和迫切性,而且有助于推动对其他种类航空人员人为因素的研究。虽然本书研究重点考虑的是民用航空维修中的人为因素,但其原理、方法、思路对避免其他种类的航空中的人为失误也是适用的,经过适当的扩展研究,也可用于航空中其他类别人的可靠性的分析。

随着飞机设计日益复杂精密,维修的成本以及航空安全的重要性也跟着水涨船高。FAA 的 AC - 120 - 72 通告估计,每年因维修人员的人为差错所造成的成本浪费约为 85 亿美元,美国所有航空公司每年因维修人为差错所浪费的平均成本约为 1 亿 7 500 万美元,每次引擎空中熄火浪费的平均成本约为 50 万美元,每次飞机地面损伤浪费的平均成本约为 7 万美元,每次班机取消浪费的平均成本约为 5 万美元,由这些资料可以很明显地看出减少维修人为差错可节省很多运营成本。

重视航空维修中的人为因素,可降低维修工作中的人为差错、提高维修质量,是保证飞行安全的重要措施和技术手段,已得到世界各国航空界,从管理当局到航空公司,从维修企业到维修员工的普遍认可。航空维修中的人为因素研究,将是未来若干年内世界民用航空界的永恒话题。

# 第 2 章　人为因素理论基础

## 2.1　人体尺寸

人体测量学是人体工程学的重要组成部分。为了使各种与人体尺寸有关的设计能符合人的生理、心理特点，使人在使用时处于舒适的状态和适宜的环境中，须在设计中充分考虑人体尺寸。人体数据在飞机座舱设计中的应用有：驾驶舱维修性设计、机舱舱门通过性、维修口盖的设计、地面工装工具设计等，这些设计都用到了人体数据。

### 2.1.1　人体主要尺寸及部位

不同地区人体尺寸差异较大，且男女的人体尺寸不同。本书参考《中国成年人人体尺寸（GB/T 10000—2023）》标准[8]，列举了人体主要尺寸和水平参数，如图 2-1 和图 2-2，表 2-1～表 2-3 所示。

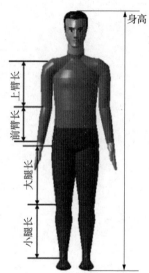

图 2-1　人体主要尺寸测量项目示意图（男）

表 2-1　人体各年龄段主要尺寸（男）

| 测量项目 | 18～70 岁 | | | | | | | 18～25 岁 | | | | | | |
| | 百分位数 | | | | | | | 百分位数 | | | | | | |
| | P1 | P5 | P10 | P50 | P90 | P95 | P99 | P1 | P5 | P10 | P50 | P90 | P95 | P99 |
| 身高/mm | 1 528 | 1 578 | 1 604 | 1 687 | 1 773 | 1 800 | 1 860 | 1 572 | 1 616 | 1 640 | 1 720 | 1 807 | 1 837 | 1 887 |
| 体重/kg | 47 | 52 | 55 | 68 | 83 | 88 | 100 | 45 | 50 | 53 | 64 | 80 | 86 | 101 |
| 上臂长/mm | 277 | 289 | 296 | 318 | 339 | 347 | 358 | 278 | 293 | 297 | 318 | 340 | 347 | 361 |
| 前臂长/mm | 199 | 209 | 216 | 235 | 256 | 263 | 274 | 202 | 217 | 222 | 242 | 260 | 267 | 275 |
| 大腿长/mm | 403 | 424 | 434 | 469 | 506 | 517 | 537 | 412 | 434 | 444 | 479 | 515 | 526 | 547 |
| 小腿长/mm | 320 | 336 | 345 | 374 | 405 | 415 | 434 | 328 | 345 | 353 | 382 | 415 | 425 | 450 |

（续表）

| 测量项目 | 26～35 岁 百分位数 | | | | | | | 36～60 岁 百分位数 | | | | | | |
|---|---|---|---|---|---|---|---|---|---|---|---|---|---|---|
| | P1 | P5 | P10 | P50 | P90 | P95 | P99 | P1 | P5 | P10 | P50 | P90 | P95 | P99 |
| 身高/mm | 1 556 | 1 607 | 1 629 | 1 706 | 1 789 | 1 813 | 1 865 | 1 518 | 1 567 | 1 592 | 1 670 | 1 750 | 1 773 | 1 818 |
| 体重/kg | 48 | 53 | 56 | 69 | 86 | 92 | 105 | 47 | 53 | 56 | 69 | 83 | 88 | 98 |
| 上臂长/mm | 275 | 289 | 296 | 318 | 340 | 347 | 358 | 275 | 289 | 296 | 318 | 339 | 343 | 356 |
| 前臂长/mm | 199 | 212 | 217 | 238 | 256 | 264 | 275 | 198 | 209 | 213 | 234 | 253 | 259 | 270 |
| 大腿长/mm | 404 | 427 | 436 | 472 | 508 | 519 | 537 | 400 | 420 | 431 | 464 | 500 | 510 | 530 |
| 小腿长/mm | 325 | 342 | 349 | 378 | 407 | 416 | 432 | 319 | 334 | 342 | 371 | 401 | 409 | 426 |

### 表 2－2　人体各年龄段主要尺寸（女）

| 测量项目 | 18～70 岁 百分位数 | | | | | | | 18～25 岁 百分位数 | | | | | | |
|---|---|---|---|---|---|---|---|---|---|---|---|---|---|---|
| | P1 | P5 | P10 | P50 | P90 | P95 | P99 | P1 | P5 | P10 | P50 | P90 | P95 | P99 |
| 身高/mm | 1 440 | 1 479 | 1 500 | 1 572 | 1 650 | 1 673 | 1 725 | 1 465 | 1 512 | 1 528 | 1 599 | 1 677 | 1 700 | 1 776 |
| 体重/kg | 41 | 45 | 47 | 57 | 70 | 75 | 84 | 39 | 42 | 44 | 52 | 62 | 68 | 81 |
| 上臂长/mm | 256 | 267 | 271 | 292 | 311 | 318 | 332 | 256 | 267 | 274 | 293 | 314 | 321 | 336 |
| 前臂长/mm | 188 | 195 | 202 | 219 | 238 | 245 | 256 | 191 | 199 | 206 | 223 | 242 | 248 | 256 |
| 大腿长/mm | 375 | 395 | 406 | 441 | 476 | 487 | 508 | 381 | 398 | 410 | 444 | 481 | 493 | 513 |
| 小腿长/mm | 297 | 311 | 318 | 345 | 375 | 384 | 401 | 304 | 319 | 327 | 354 | 384 | 394 | 414 |

| 测量项目 | 26～35 岁 百分位数 | | | | | | | 36～60 岁 百分位数 | | | | | | |
|---|---|---|---|---|---|---|---|---|---|---|---|---|---|---|
| | P1 | P5 | P10 | P50 | P90 | P95 | P99 | P1 | P5 | P10 | P50 | P90 | P95 | P99 |
| 身高/mm | 1 458 | 1 499 | 1 520 | 1 588 | 1 658 | 1 684 | 1 737 | 1 438 | 1 475 | 1 496 | 1 564 | 1 639 | 1 660 | 1 710 |
| 体重/kg | 41 | 44 | 46 | 54 | 68 | 72 | 85 | 42 | 46 | 49 | 59 | 71 | 76 | 85 |
| 上臂长/mm | 260 | 267 | 274 | 292 | 314 | 319 | 333 | 256 | 267 | 271 | 292 | 311 | 318 | 332 |
| 前臂长/mm | 191 | 199 | 202 | 220 | 241 | 248 | 260 | 184 | 195 | 199 | 217 | 235 | 242 | 256 |
| 大腿长/mm | 380 | 396 | 408 | 441 | 477 | 487 | 510 | 372 | 395 | 405 | 440 | 475 | 486 | 506 |
| 小腿长/mm | 301 | 315 | 322 | 348 | 376 | 385 | 403 | 296 | 309 | 316 | 343 | 371 | 380 | 396 |

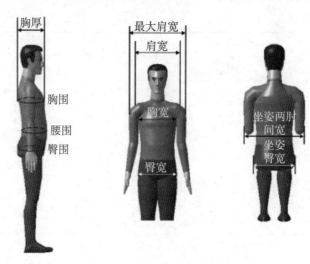

**图 2-2　人体水平尺寸测量项目示意图(男)**

**表 2-3　人体水平尺寸及部位**

| 测量项目 | 18～70 岁 | | | | | | | 18～25 岁 | | | | | | |
|---|---|---|---|---|---|---|---|---|---|---|---|---|---|---|
| | 百分位数 | | | | | | | 百分位数 | | | | | | |
| | P1 | P5 | P10 | P50 | P90 | P95 | P99 | P1 | P5 | P10 | P50 | P90 | P95 | P99 |
| 胸宽/mm | 236 | 254 | 265 | 299 | 330 | 356 | 331 | 230 | 248 | 258 | 291 | 325 | 335 | 358 |
| 胸厚/mm | 172 | 184 | 191 | 218 | 246 | 254 | 270 | 166 | 175 | 181 | 203 | 231 | 242 | 262 |
| 肩宽/mm | 339 | 354 | 361 | 386 | 411 | 419 | 435 | 344 | 359 | 366 | 391 | 416 | 425 | 442 |
| 最大肩宽/mm | 398 | 414 | 421 | 449 | 481 | 490 | 510 | 398 | 412 | 420 | 448 | 480 | 491 | 513 |
| 臀宽/mm | 291 | 303 | 309 | 334 | 359 | 367 | 382 | 287 | 297 | 303 | 325 | 354 | 363 | 382 |
| 坐姿臀宽/mm | 292 | 308 | 316 | 346 | 379 | 388 | 410 | 288 | 303 | 310 | 340 | 375 | 386 | 413 |
| 坐姿两肘间宽/mm | 352 | 376 | 390 | 445 | 505 | 524 | 566 | 337 | 359 | 372 | 418 | 488 | 508 | 565 |
| 胸围/mm | 770 | 809 | 832 | 927 | 1 032 | 1 064 | 1 123 | 745 | 783 | 804 | 878 | 988 | 1 029 | 1 118 |
| 腰围/mm | 642 | 687 | 713 | 849 | 986 | 1 023 | 1 096 | 624 | 657 | 678 | 763 | 905 | 948 | 1 052 |
| 臀围/mm | 810 | 845 | 864 | 938 | 1 018 | 1 042 | 1 098 | 801 | 834 | 850 | 921 | 1 009 | 1 038 | 1 111 |
| 测量项目 | 26～35 岁 | | | | | | | 36～60 岁 | | | | | | |
| | 百分位数 | | | | | | | 百分位数 | | | | | | |
| | P1 | P5 | P10 | P50 | P90 | P95 | P99 | P1 | P5 | P10 | P50 | P90 | P95 | P99 |
| 胸宽/mm | 239 | 259 | 268 | 301 | 334 | 343 | 363 | 238 | 258 | 269 | 301 | 331 | 339 | 354 |
| 胸厚/mm | 172 | 184 | 190 | 214 | 244 | 252 | 273 | 181 | 193 | 199 | 223 | 249 | 256 | 271 |

| 测量项目 | 26~35 岁 | | | | | | | 36~60 岁 | | | | | | |
| | 百分位数 | | | | | | | 百分位数 | | | | | | |
| | P1 | P5 | P10 | P50 | P90 | P95 | P99 | P1 | P5 | P10 | P50 | P90 | P95 | P99 |
| 肩宽/mm | 345 | 359 | 366 | 391 | 417 | 424 | 438 | 337 | 353 | 359 | 383 | 408 | 415 | 428 |
| 最大肩宽/mm | 403 | 418 | 425 | 454 | 487 | 497 | 514 | 297 | 414 | 422 | 449 | 479 | 489 | 508 |
| 臀宽/mm | 291 | 302 | 310 | 334 | 362 | 272 | 387 | 294 | 306 | 313 | 336 | 359 | 366 | 380 |
| 坐姿臀宽/mm | 292 | 310 | 318 | 348 | 382 | 392 | 413 | 293 | 310 | 319 | 348 | 379 | 388 | 408 |
| 坐姿两肘间宽/mm | 355 | 378 | 392 | 443 | 505 | 528 | 569 | 366 | 390 | 404 | 454 | 509 | 527 | 563 |
| 胸围/mm | 771 | 808 | 831 | 924 | 1 038 | 1 075 | 1 140 | 786 | 827 | 851 | 944 | 1 038 | 1 068 | 1 122 |
| 腰围/mm | 648 | 691 | 715 | 840 | 978 | 1 021 | 1 108 | 662 | 715 | 747 | 881 | 1 001 | 1 031 | 1 104 |
| 臀围/mm | 815 | 850 | 867 | 945 | 1 033 | 1 062 | 1 122 | 817 | 851 | 871 | 943 | 1 016 | 1 039 | 1 087 |

人体手部尺寸及部位尺寸,如图 2-3 和表 2-4 所示。

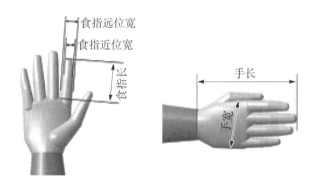

**图 2-3　人体手部尺寸测量项目示意图**

**表 2-4　人体手部尺寸表(男)**

| 测量项目 | 18~70 岁 | | | | | | | 18~25 岁 | | | | | | |
| | 百分位数 | | | | | | | 百分位数 | | | | | | |
| | P1 | P5 | P10 | P50 | P90 | P95 | P99 | P1 | P5 | P10 | P50 | P90 | P95 | P99 |
| 手长/mm | 165 | 171 | 174 | 184 | 195 | 198 | 204 | 165 | 171 | 174 | 185 | 196 | 199 | 205 |
| 手宽/mm | 78 | 81 | 82 | 88 | 92 | 96 | 100 | 77 | 80 | 81 | 87 | 93 | 96 | 99 |
| 食指长/mm | 62 | 65 | 67 | 72 | 77 | 79 | 82 | 62 | 65 | 67 | 72 | 78 | 79 | 82 |
| 食指近位宽/mm | 18 | 18 | 19 | 20 | 22 | 23 | 23 | 17 | 18 | 18 | 20 | 21 | 22 | 23 |
| 食指远位宽/mm | 15 | 16 | 17 | 18 | 20 | 20 | 21 | 15 | 16 | 16 | 17 | 19 | 19 | 20 |

（续表）

| 测量项目 | 26～35 岁 | | | | | | | 36～60 岁 | | | | | | |
| --- | --- | --- | --- | --- | --- | --- | --- | --- | --- | --- | --- | --- | --- | --- |
| | 百分位数 | | | | | | | 百分位数 | | | | | | |
| | P1 | P5 | P10 | P50 | P90 | P95 | P99 | P1 | P5 | P10 | P50 | P90 | P95 | P99 |
| 手长/mm | 166 | 172 | 174 | 185 | 195 | 198 | 204 | 165 | 170 | 174 | 184 | 194 | 197 | 203 |
| 手宽/mm | 78 | 81 | 83 | 89 | 94 | 96 | 100 | 78 | 81 | 83 | 89 | 95 | 96 | 100 |
| 食指长/mm | 63 | 65 | 67 | 72 | 77 | 78 | 82 | 62 | 65 | 66 | 72 | 77 | 78 | 81 |
| 食指近位宽/mm | 18 | 18 | 19 | 20 | 22 | 22 | 23 | 18 | 19 | 19 | 21 | 22 | 23 | 24 |
| 食指远位宽/mm | 15 | 16 | 16 | 18 | 19 | 20 | 21 | 16 | 17 | 17 | 19 | 20 | 20 | 21 |

### 2.1.2　人体尺寸百分位数

人体尺寸数据常以百分位数来表示人体尺寸的等级。

#### 2.1.2.1　百分位

百分位是指分布的横坐标用百分比来表示所得到的位置。用百分位可表示"适应域"。一个设计只能取一定的人体尺寸范围，这部分人只占整个分布的一部分"域"，称为适应域。如适应域 90％ 就是指百分位 5％～95％ 之间的范围。百分位由百分比表示，称为"第 $x$ 百分位"。如 50％ 称为第 50 百分位。

#### 2.1.2.2　百分位数

百分位数是百分位对应的数值，在人体尺寸中就是测量值。例如，男性全体身高分布的第 5 百分位数为 1 590 mm，表明有 5％ 的人身高等于或小于这个高度，有 95％ 的人身高大于这个高度。其他各人体尺寸的各百分位数依此类推。

#### 2.1.2.3　满足度

满足度是指所设计的产品在尺寸上能满足多少人使用，以合适使用的人占使用者群体的百分比表示。通常，其数值就是以人体尺寸百分位数作为产品尺寸上、下限值的百分位之差。

航空人员人体测量数据的应用，通常以第 5 百分位到第 95 百分位作为不涉及生命安全部分的设计范围，对于涉及生命安全的部分，如逃生通道等部位的设计，则需满足更大的百分位范围。根据不同的情况和目的，可选用第 3 百分位到第 97 百分位、第 2 百分位到第 98 百分位和第 1 百分位到第 99 百分位等不同的范围[9]。

### 2.1.3　人体形态尺寸应用举例

常见的人体尺寸参数的用途及百分位选择，如表 2-5[10]所示。

表 2-5　人体尺寸参数的用途及百分位选择

| 人体参数 | 适用范围 | 百分位选择 | 注意事项/备注 |
|---|---|---|---|
| 身高 | 通道和门的最小高度,设备高度,立姿身高也是计算人体各部分相关尺寸与设备高度的基础 | 由于主要的功能是确定可容空间尺寸,故应选用百分位数据。一般选择第99百分位,设计者应考虑尽可能地适应100%的人 | 身高数据一般是不穿鞋测量的,故在使用时应给予一定的补偿 |
| 立姿眼高 | 客舱行李箱的设计高度 | 百分位选择取决于关键因素的变化。对于阻隔视线而言,应考虑身高较矮的人的眼睛高度(第5百分位或更低) | 数据应与脖子的弯曲和旋转以及视线角度资料结合使用,以确定不同状态、不同头部角度的视觉范围 |
| 肩宽 | 肩宽数据可用于确定排椅座位间距,也可用于确定公用和专用空间的通道间距 | 由于涉及间距问题,应使用第95百分位的数据 | 使用这些数据要注意可能涉及的变化。要考虑衣服厚度,对薄衣服增加7.9 mm,对厚衣服增加76 mm。还要注意,由于躯干和肩的活动,两肩之间所需的空间会加大 |
| 臀部宽度 | 这些数据对于确定座椅内侧尺寸,设计酒吧、柜台和办公座椅有用 | 由于涉及间距问题,应使用第95百分位的数据 | 根据具体条件,与两肘之间宽度和肩宽结合使用 |
| 手臂平伸手握距离 | 人们需要越过某种障碍去拿一个物体或操纵设备,这些数据可用来确定障碍物的最大尺寸 | 选用第5百分位的数据,这样适用于大多数人 | 要考虑操作或工作的特点 |
| 人体最大厚度 | 这个尺寸可能对设备设计人员更为有用,但它们也有助于建筑师在较为紧张的空间里考虑间隙,或在人们排队的场合下设计所需要的空间 | 应该选用第95百分位的数据 | 衣服厚薄、使用者的性别以及一些不易察觉的因素都应给予考虑 |
| 人体最大宽度 | 可用于设计通道宽度、门的宽度 | 应选用第95百分位的数据 | 衣服厚薄、人走路时或做其他事情的影响,以及一些不易察觉的因素应给予考虑 |
| 人体头围手长手宽足长足宽 | 头盔、脚踏板、楼梯梯级深度、手套及其他各种手动工具 | | |

## 2.2 视觉

外界环境信息的获取及处理主要由感觉系统来负责,包括视觉系统、听觉系统等。人体视觉是人类最重要的感官系统之一。对于一个正常人,视觉信息占全部感觉信息的 70% 以上。视觉的好与坏取决于很多因素,一些是内因,如视力、聚光性、颜色的辨别力等;一些是外因,如光照强度、物体远近、位置和颜色。这些因素相互作用,影响人体视觉能力。

人体眼睛的基本构造(见图 2-4),类似一架光学照相机,虹膜相当于照相机的光圈,晶状体是透镜,视网膜是感光面。光通过角膜进入人眼,通过虹膜和晶状体折射到视网膜。光刺激视网膜上的感光细胞,通过视神经把小的电脉冲信号传导至大脑,并进行分析处理。

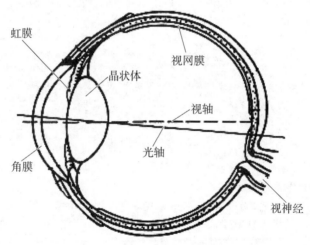

图 2-4 人体眼睛的基本构造

1) 角膜

角膜是接受信息的最前哨入口,俗称"黑眼珠"。角膜是眼球前部的透明部分,像个单侧凸透镜,光线经此射入眼球。保持角膜透明性对于维持角膜正常功能非常重要。

2) 虹膜

虹膜是一个可收缩的、色素沉着的圆形光圈,类似于照相机的光圈。虹膜的中心有一个圆形的开口,称为瞳孔,瞳孔大小变化可控制进入眼睛的光量。

3）晶状体

晶状体是位于瞳孔后面的一片晶莹物体,相当于照相机的可变焦距的透镜,正常人既能看近的又能看远的,全依赖于晶状体的调节。晶状体屈光度的调节靠睫状体完成。在静止状态下,当人远眺时,睫状体会在使晶状体处于"扁平"状态的区域保持张力。当焦点转移到近处物体时,睫状肌收缩,导致晶状体悬韧带松弛。

随着年龄增长,晶状体核逐渐浓缩扩大,并失去弹性,眼睛的调节能力减弱,人的视力就受到影响。

4）视网膜

视网膜是眼球的最内层,反射的光经过眼部的角膜、瞳孔、晶状体、玻璃体等结构后聚焦到视网膜上,完成感光成像,因此,视网膜是接收视觉信息的第一站。它是一个将环境图像转换为神经脉冲的场所,神经脉冲通过视神经传输到大脑的进行解释和分析。

### 2.2.1 视觉特征

1）视敏特性[4]

视敏特性是指人眼对不同波长的光具有不同的灵敏性,对辐射功率相同的各色光具有不同的亮度感觉。在相同辐射功率的条件下,人眼感觉最亮的光是黄绿光,感觉最暗的光是红光和紫光。

2）亮度感觉

人眼能感受的亮度范围约为 $10^{-3} \sim 10^{6}$ cd/m$^2$。人眼对物体亮度的感受不仅仅取决于物体的实际亮度,也和周围环境的平均照度有关。人眼对所见物体的明暗感觉是相对的,在不同环境照度下,对同一表面亮度物体的主观感觉也会不同。

3）分辨力

人眼分辨景物细节的能力是有限的。人眼分辨景物细节的能力称为分辨力,也称视敏角或视角。分辨力的大小用分辨角表示。视力正常的人在中等亮度和中等对比度情况下,观察静止图像时,能分辨的最小视角约为 $1° \sim 1.5°$。人眼的分辨力除了因人而异,还与景物照度和对比度有关。

4）视觉适应性

视觉的适应性分为两种,一种是明适应,另外一种是暗适应。明适应是指人由暗处走到亮处眼睛的适应过程。当人从暗处到达亮处时,眼睛一时分辨不清物体,需要大约 1 min 进行调节。暗适应是指人由亮处走到暗处眼睛的适应过程。当人从亮处到达暗处时,人眼一时无法辨认物体,眼睛大约需要 3～4 min 的调节时间。

视觉的亮度适应特性,要求工作面与工作环境的设计须保证亮度均匀,避免阴影。环境的亮度要保持稳定,对于明暗交变的环境,要采取防范措施,否则眼睛需要频繁调节,易疲劳。

5) 视觉惰性

当人眼所看见的物体突然从眼前消失时,物体在视网膜上留下的影像不会同时消失,而会暂留在视觉中,这种现象叫视觉暂留。视觉暂留现象的强弱与光线的颜色、强弱,观看时间长短有关,时间长短一般在 0.05 s 左右。

由于视觉惰性的暂留时间有上限,低于这个上限值,暂留现象存在。所以当人眼观察重复光脉冲时,调整光脉冲频率,就可以分辨出脉冲光,从而人眼就会感受到一明一暗的感觉。

6) 双眼的视觉

同一物体在双眼视网膜上分别成像,但主观上人只能感受一个视觉形象。因为物体是成像在两眼视网膜的对称点上,当视觉神经冲动向上传输时,保持了视觉信息的空间相对关系,最终在视觉皮层被恰好合成一个物像。实际上,左右两眼的成像由于两眼间距的存在,而不可能完全一致,会产生错位。正是这种错位,使人产生了不同距离上物体的景深感,从而形成了立体视觉。人的视觉系统能判别立体视角的微小差别,最小可辨别的视差只有 $4''\sim5''$。倘若由于两侧屈光系统或感光系统,甚至视觉传输通路的某些异常,两眼物像错位超过一定范围,则两眼不能融合,而形成复视。

由于双眼间距的存在,人有了立体视觉。但对于单眼,也可借助物像相对大小、阴影和散射、头眼运动、视觉远近调节等因素而获得立体视觉。

## 2.2.2 视野

视野是指人在头部和眼球固定不动的情况下,眼睛观看正前方物体时所能看得见的空间范围,也称为静视野。而眼睛转动所看到的范围称为动视野,常用角度来表示。

在垂直面内,标准视线为水平视线,最大固定视野为 115°,标准视线上方 50°,下方 70°(见图 2-5)。在水平面内,最大固定双眼视野为 180°,扩大视野为 190°(见图 2-6)。

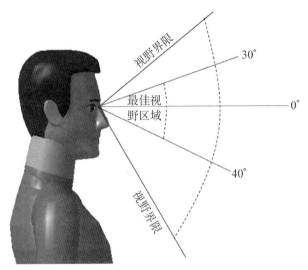

**图 2 - 5　垂直视野范围**

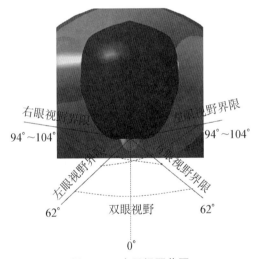

**图 2 - 6　水平视野范围**

### 2.2.3　影响视力的因素

有多种因素能够影响和限制人的视觉,包括:

(1) 生理因素,如近视、远视和年龄;

(2) 外来物的影响,如烟酒、毒品和药物;

(3) 环境因素,如空气污染程度、光线的亮度;

（4）与观察物有关的因素，如物体的大小和尺寸、物体的运动、物体离观察者的距离和角度。

### 2.2.4　色觉

人眼的锥状细胞一共有三种，对红色、绿色、蓝色三种色光最敏感，分别称之为红感细胞、绿感细胞、蓝感细胞。当一束光线射入人眼时，三种锥状细胞就会产生不同的反应，不同颜色的光对三种锥状细胞的刺激量是不同的，产生的颜色视觉各异，通过视神经传递至人脑的信息不同，使人能够分辨出各种颜色。

人体色觉对视觉敏锐性没有直接的影响，但不能辨别颜色对航空维修人员来说是个问题，维修人员具有正常的色辨能力在下列情况中是很重要的：

（1）识别飞机零部件；

（2）区分不同颜色的电线；

（3）使用各种维修工具和设备；

（4）识别机场上的各种信号灯。

色辨缺陷经常被误作为色盲，通常对男性的影响比女性大。最普遍的色辨缺陷是难于辨别绿色和红色。在不同情况下，一些人的色辨能力也有所不同，在照明良好情况下能够辨别颜色，但在照明情况不好时，不能辨别颜色，经常看成是一团灰色。

色辨缺陷可能会影响维修任务的完成，如果某项维修任务要求人员具备精确的色辨能力时，测试和筛选维修人员的色觉能力是必要的。

### 2.2.5　照度

照度是用来表示被照面（点）上光的强弱。投射到被照面上的光通量与被照面的面积之比称为该照面的照度，用符号 $E$ 表示。定义为

$$E = \phi / S$$

式中：$\phi$——被照面上接受的光通量，lm；

　　　$S$——被照面的面积。

维修人员在开展任务时往往需要借助光源。光照不足事件的发生常常是因为维修人员所依赖的外界光照被设计用来对常规工作区域照明，而非维修人员真正操作的特定区域（见表 2-6）。

表 2-6　光源强度与任务

| 任务 | 光亮强度/Lux | | 光源 |
| --- | --- | --- | --- |
| | 建议 | 最少 | |
| 长时间观察小细节,且没有对比的情况下,或有速度和精度要求时,例如维修小部件,检查暗色的材料 | 1650 | 1075 | 通用照明和/或补充照明 |
| 在正常对比度的情况下观察小细节,且速度和精度要求不重要时,例如电子器件 | 1075 | 540 | 通用照明和/或补充照明 |
| 长时间的阅读,在书桌或工作台的工作,通常指办公室和实验室的工作,例如组装工作和文件归档工作 | 755 | 540 | 通用照明和/或补充照明 |
| 偶尔的阅读、消遣,时间不长的目视阅读图标工作,例如阅读通告板 | 540 | 325 | 通用照明和/或补充照明 |
| 在对比度好的情况下观察大件物体,例如在一个散装物资仓库寻找物品 | 215 | 110 | 通用照明 |
| 穿行在通道之间且搬运大物品,例如从平台上卸货 | 215 | 110 | 通用照明 |

### 2.2.6　保护措施

在航空维修工作中,对眼睛的保护措施是十分必要的。在日常工作中,从事某些特定作业时,应按照有关规定,对眼睛采取必要的保护措施。

(1) 从事能够产生碎屑飞溅的机械加工工作或有酸碱等危险液体溅出时,操作人员应戴有安全保护镜;

(2) 从事用高压空气进行喷涂、焊接等危险作业时,要求戴有护目镜、头盔和面罩;

(3) 在光线不足区域内作业时,应携带照明工具;

(4) 合理选择和分布光源,避免视觉疲劳。

作为航空维修人员,必须非常清楚维护任务对视力的要求,以及维护任务可能对视力产生的影响。

## 2.3　听觉

人的双耳位于头部两侧的颞区。它的主要功能:一个是作为接受外界传入声音的听觉器官;另一个是协助身体维持平衡。耳朵是一个非常灵敏的传声器,不仅能感受到声音,还能对声音信号做出具体的分析,例如:声源的方向、声强的大小、音质的好坏、频率的高低等。听觉对航空维修人员也是十分重要的,因此有必要对人耳的工作机理有个基本了解。

### 2.3.1 基本功能

声波首先经过头部和耳郭的作用,然后经过外耳道传输到达鼓膜,鼓膜将听觉信息传递给内耳耳蜗,由耳蜗向大脑传递神经电信号,人耳听觉以此为依据感受到声场声音的音质特性和空间特性。人耳基本构造如图 2-7 所示。

耳包括外耳、中耳和内耳三部分,如图 2-7 所示。外耳是指能从人体外部看见的耳朵部分,它从自然环境中收集声音并向内传导。中耳由鼓膜、中耳腔和听骨链组成。中耳的基本功能是把声波传送到内耳。听觉感受器和位觉感受器位于内耳,可以把内耳看成三个独立的结构:半规管、前庭、耳蜗。前庭是卵圆窗内微小的、不规则形状的空腔,是半规管、镫骨足板、耳蜗的汇合处。半规管可以感知各个方向的运动,起到调节身体平衡的作用。耳蜗是被颅骨所包围的像蜗牛一样的结构,内耳在此将中耳传来的机械能转换成神经电信号传送至大脑。

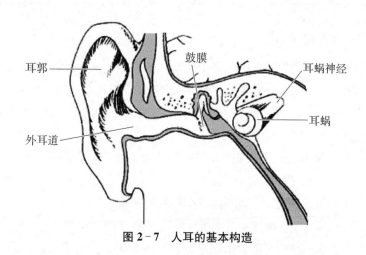

**图 2-7 人耳的基本构造**

### 2.3.2 听力特征

1) 听力

人耳能听到的声音范围和音量有关。人耳能听到的典型频率范围是 20～20 000 Hz,灵敏的频率范围是 500～4 000 Hz,平均听阈在 5 dB 左右。低于 20 Hz 的声音为次声,高于 20 000 Hz 的声音为超声。次声和超声均可刺激人耳,但不能诱发听觉。

　　声音的音量以分贝为单位。图 2-8 列出了不同场景声音的音量。从图中的数值能够了解到,航空维修人员在工作中经常会处于高分贝的环境下,即在噪声的环境下工作,航空维修人员需要保护好听力。

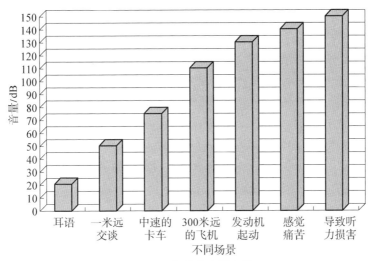

**图 2-8　各种声音的音量**

　　2)听觉辨别力

　　频率和强度是声音的最基本物理参数,也是人体听觉能反映的主要特性,但是人对声音的主观感受,与声音的客观物理量并不完全相同。人的听觉还存在辨别的问题,听觉对于声音某参数的最小差值称为辨别阈。

　　对于声音的强度,人的主观感受是响度。声音越强,听起来越响,但其关系不是线性的。对于强度相同而频率不同的声音,人听起来是不一样响的。对于声音的频率,人的主观感受是音调。声音频率越高,音调越高,但其关系不是线性的。对于不同频率的声音,人能辨别出的差异是不同的。

　　3)适应与疲劳

　　在声音的连续作用过程中,听觉的敏感性会发生一些变化。当声音不强而作用时间又不太长时,能引起响度感觉的降低,这称为对声音的适应。一般在声音停止作用后 10~15 s,适应过程即中止,听觉敏感度又恢复到声音作用以前的水平。当声音很强或作用时间很长时,听觉敏感度降低后不能很快恢复,这便是听觉疲劳。听觉疲劳恢复所需时间可长达数小时乃至数天。假如声音极强或长期作用,则它引起的听觉敏感度降低可能不能恢复或不能完全恢复,这便是听力丧失或减退。环境中的强噪声是引起听觉系统功能减退的主要因素,因此要对环境中强噪声采取预防或消除措施。

4) 方位和距离判断

声源的空间定位需要双耳同时听音。处于不同方位的声源发出的声音达到两耳的距离不同,传递途中声音受阻的情况也不同,因此达到的时间和强度不同。中枢根据这些差异分析声源方位。对于频率较低的声音,声音波长较长,头部的阻碍作用较小,两耳听到的声音强度差别较小,因此对于低频率的声音主要靠时间差来判断方位。对于高频率的声音,时间差较难确定,但声强头部阻碍较强,主要依靠声强差异判断方位。

### 2.3.3　噪声对人的影响

如若不对声音进行适当控制,维修环境可能非常嘈杂。在有噪声的场合工作,容易对维护人员产生不利影响,包括如下:

(1) 令人烦躁,例如突遇高分贝声音等;

(2) 影响人与人的正常交流;

(3) 容易造成人员疲劳,同时影响注意力集中度;

(4) 造成暂时性或永久性听觉损伤。

### 2.3.4　保护措施

听力损伤可能是暂时的,也可能是永久的。瞬时或短时的高分贝声音环境可能引起暂时性的听力损伤;而长期处于高分贝环境中可能引起永久性的听力损伤。因此,在航空维修工作中,使用耳塞或其他防护用品可在一定程度上起到防护听觉的作用,例如使用耳塞可降低 20 dB 的噪声水平,使用防护耳罩可降低 40 dB 的噪声水平。

尽管维护人员可以通过戴上防护装置,在一定程度上限制不利的噪声影响,但是这些装置可能对他们完成任务造成干扰,如长时间佩戴耳塞导致耳朵不舒服。

## 2.4　触觉

触觉是指分布于全身皮肤上的神经细胞感受器(机械感受器、温度感受器、伤害性感受器)接收来自外界的疼痛、温度、湿度、压力及震动的感觉。

触觉系统是人类最基本、作用最广泛的感觉系统。皮肤深层存在触觉小体,椎体里存在敏感的神经细胞,当神经细胞感受到触摸带来的压迫,会马上发出一个微小的电流信号,电流信号就会随神经纤维到达大脑,大脑可以马上分辨出触摸的程度以及信号的位置。

### 2.4.1　触觉特征

1) 机械感觉

皮肤的机械感觉主要有触觉和压觉。人体不同部位皮肤的触觉敏感性相差较大。嘴唇、指尖等处的触觉阈值较低,约为 $0.3\sim0.5\,\mathrm{g/mm^2}$,躯干部位皮肤的触觉阈值高于指尖的 $10\sim30$ 倍。

触觉在与飞机维修相关的人为因素设计中是较为重要的因素,如对驾驶舱的各类控制器操作,触觉反馈是最直接、最直观的。在进行维修工具设计时,考虑到夜间工作或维修区域难以接近等情况下,不能直接通过目视读取测量表上的数值,就需要设计为能通过触觉感知进程的形式,例如当定力扳手的力矩达到预设数值时,扳手内的装置会给维修人员一个"打滑"的触觉反馈。

2) 温度感觉

温度感觉可分为热觉和冷觉,分别对热刺激和冷刺激做出反应,其活动特点是在非伤害温度范围内活动时,对温度变化有动态反应,但对机械刺激不敏感。热敏感受器在给予热刺激时呈现放电频率增加,在冷刺激时放电频率减少;与此相反,冷感受器在热刺激时放电频率减少,在冷刺激时放电频率增加。高温作业时,在不同工作地点温度、不同劳动强度条件下允许持续接触热时间不得超过表 2-7 所列数值。

表 2-7　高温作业允许持续接触热时间限值

| 工作地点温度/℃ | 轻劳度/min | 中等劳度/min | 重劳度/min |
| --- | --- | --- | --- |
| 30～32 | 80 | 70 | 60 |
| >32～34 | 70 | 60 | 50 |
| >34～36 | 60 | 50 | 40 |
| >36～38 | 50 | 40 | 30 |
| >38～40 | 40 | 30 | 20 |
| >40～42 | 30 | 20 | 15 |
| >42～44 | 20 | 10 | 10 |

3）痛觉

痛觉没有特殊的感受器,是感觉神经受到各种伤害性刺激时产生的感觉,如可导致损伤的拉伸、扭转等机械刺激,可产生灼伤、腐蚀的化学刺激均可引起痛觉。

痛觉刺激能反射性地引起人神经系统的一系列反应,剧烈的刺痛刺激能造成中枢神经系统调节活动的严重障碍,导致一些系统功能紊乱,严重影响维修人员的工作能力。

### 2.4.2　触觉失调的影响

触觉具有保护功能,它保护着器官远离机械伤害和辐射损伤,抵挡外界的危险物质。同时,还能使我们的心理保持稳定,身体保持健康。当触觉失调时,对人的影响有:

(1) 触觉失调,反应迟钝,动作慢,动作不够灵活精细;

(2) 触觉失调,大脑分辨能力差,影响工作伙伴的情绪;

(3) 触觉失调,不喜欢学习新知识,缺乏自信。

## 2.5　人体力学

人体力学是联结生理学与力学作业的关键内容之一。其体现程度,直接影响人体疲劳程度和工作效率。因此,在航空器进行维修性设计和开展维修任务时,必须充分体现人体力学的基本要求。

### 2.5.1　人体力量的类型

人体在日常作业中最常用的力量是握力、推拉力、蹬力和提拉力。

(1) 握力。握力主要是前臂和手部屈肌群等张收缩产生的静态力,主要完成人体手部的把握动作。握力可用握力计测量。一般男子的握力相当于自身体重的 47%～58%,女子的握力相当于自身体重的 40%～48%。

(2) 推拉力。手臂的力量有明显的方向性,推力和拉力是不同的。在立姿水平伸直状态下,男性平均瞬时产生的向内拉力可达 689 N,女性可达 378 N。手做前后运动时,拉力明显大于推力,瞬时动作的最大拉力可达 1078 N,连续操作的拉力约为 294 N。在垂直方向,手臂的向下拉力也要明显大于向上拉力。手做左右运动时,则推力大于拉力,最大推力约为 392 N。

(3) 蹬力。腿的蹬力是腿部肌肉产生伸展运动时的力量,其大小与姿势、弯曲程度和方向有关。在坐姿有靠背支持的情况下,腿伸直向延长线方向的蹬力最大。右腿最大蹬力平均可达 2 568 N,左腿可达 2 362 N。

（4）提拉力。人体的提拉力主要依靠背部的肌肉。背力主要是背部肌肉群等张收缩时产生的静态力,主要完成人体立姿正向双手向上提升下位物体的提拉动作。背力通常可用背力机测量,测量时的人体前倾角度规定在 30°。背拉力大约是握力的 3 倍。20 岁青年男子的平均背拉力为 1 370 N。

### 2.5.2　肢体力量的出力范围

在操作活动中,肢体所能发挥的力量大小除了取决于上述人体肌肉的生理特征外,还与施力姿势、施力部位、施力方式和施力方向有密切的关系。只有在这些综合条件下的肌肉出力的能力和限度才是人体力学特性设计的依据。

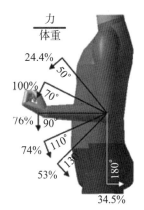

在直立姿势下弯臂时,不同角度时的力量分布如图 2-9 所示,大约在 70°处可达最大值,即产生相当于体重的力量。这正是许多操纵机构（例如:方向盘）位置在人体正前上方的原因所在。

在直立姿势下臂伸直,不同角度位置上拉力和推力的分布如图 2-10 所示。其中,最大拉力产生在 180°位置,最大推力产生在 0°位置。

**图 2-9　立姿弯臂时力量分布**

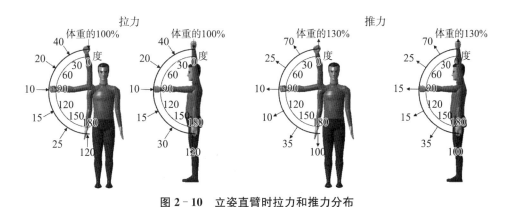

**图 2-10　立姿直臂时拉力和推力分布**

坐姿下手臂在不同角度和方向上的推力和拉力如表 2-8 所示。该表中的数据表明:左手弱于右手;向上用力大于向下用力;向内用力大于向外用力。

**表 2 - 8　坐姿下手臂在不同角度和方向上的推力和拉力**

| 手臂的角度/(°) | 拉力 | | 推力 | |
|---|---|---|---|---|
| | 左手 | 右手 | 左手 | 右手 |
| | 向后 | | 向前 | |
| 180(向前平伸臂) | 230 | 240 | 190 | 230 |
| 150 | 190 | 250 | 140 | 190 |
| 120 | 160 | 190 | 120 | 160 |
| 90(垂臂) | 150 | 170 | 100 | 160 |
| 60 | 110 | 120 | 100 | 160 |
| | 向上 | | 向下 | |
| 180 | 40 | 60 | 60 | 80 |
| 150 | 70 | 80 | 80 | 90 |
| 120 | 80 | 110 | 100 | 120 |
| 90 | 80 | 90 | 100 | 120 |
| 60 | 70 | 90 | 80 | 90 |
| | 向内侧 | | 向外侧 | |
| 180 | 60 | 90 | 40 | 60 |
| 150 | 70 | 90 | 40 | 70 |
| 120 | 90 | 100 | 50 | 70 |
| 90 | 70 | 80 | 50 | 70 |
| 60 | 80 | 90 | 60 | 80 |

### 2.5.3　人体肢体活动空间

人体活动空间尺度(动态尺度)是相对于人体静态尺度而言的。人体静态尺度着眼于人体天然结构,而不考虑人的姿态与活动。人体活动空间尺度,指人体肢体末端能够达到的三维空间范围,着重于人的日常姿态与活动需要,如表 2 - 9 所示。人体静态尺寸参数虽然可以解决航空产品设计中有关人体尺寸的问题,但是人在操纵设备或从事某种作业时并不是静止不动的,因此,人们更关心的是以不同姿态工作时人体的手、脚能活动的范围。可及度是指在空间特定位置,改变手臂或腿部的方向及伸展长度,手或脚是否能够触及空间内某一物体,是评价航空器维修任务可达性的重要指标。

表 2-9　人体各肢体活动范围统计

| 身体部位 | 关节 | 活动 | 最大角度/(°) | 最大范围/(°) | 舒适调节范围/(°) |
|---|---|---|---|---|---|
| 头至躯干 | 颈关节 | 1. 低头,仰头 | +40,−35① | 75 | +12～25 |
| | | 2. 左歪,右歪 | +55,−55① | 110 | 0 |
| | | 3. 左转,右转 | +55,−55① | 110 | 0 |
| 躯干 | 胸关节 | 4. 前弯,后弯 | +100,−50① | 150 | 0 |
| | 腰关节 | 5. 左弯,右弯 | +50,−50① | 100 | 0 |
| | | 6. 左转,右转 | +50,−50① | 100 | 0 |
| 大腿至髋关节 | 髋关节 | 7. 前弯,后弯 | +120,−15 | 135 | 0(+85～+100)② |
| | | 8. 外拐,内拐 | +30,−15 | 45 | 0 |
| 小腿对大腿 | 膝关节 | 9. 前摆,后摆 | +0,−135 | 135 | 0(−95～−120)② |
| 脚至小腿 | 脚关节 | 10. 下摆,上摆 | +110,+55 | 55 | +85～+95 |
| 脚至躯干 | 髋关节 小腿关节 脚关节 | 11. 外转,内转 | +110,−70① | 180 | +0～+15 |
| 上臂至躯干 | 肩关节(锁骨) | 12. 外摆,内摆 | +180,−30① | 210 | 0 |
| | | 13. 上摆,下摆 | +180,−45① | 225 | (+15～+35)③ |
| | | 14. 前摆,后摆 | +140,−40① | 180 | +40～+90 |
| 下臂至上臂 | 肘关节 | 15. 弯曲,伸展 | +145,0 | 145 | +85～+110 |
| 手至下臂 | 腕关节 | 16. 外摆,内摆 | +30,−20 | 50 | 0③ |
| | | 17. 弯曲,伸展 | +75,−60 | 135 | 0 |
| 手至躯干 | 肩 关 节, 下臂 | 18. 左转,右转 | +130,−120①④ | 250 | −30～−60 |

注:给出的最大角度适用于一般情况。年纪较高的人大多低于此值。此外,穿厚衣服时角度要小一些。
　有多个关节的一串骨骼中若干角度相叠加产生更大的总活动范围(例如低头,弯腰)。
　① 得自给出关节活动的叠加值。　　② 括号内为坐姿值。
　③ 括号内为在身体前方的操作。　　④ 开始的姿势为手与躯干侧面平行。

## 2.6　心理学

### 2.6.1　疲劳

#### 2.6.1.1　疲劳的来源

与飞机相关的工作是现代社会中最复杂的劳动类型之一。在维修飞机的过程中,维修人员必须具有良好的生理和心理状态。但由于种种原因,如机场、机库的噪声和振动、无规律工作、负荷过重、工作地点偏远、人体昼夜节律扰乱和睡眠不足等,维修人员经常处于疲劳和半疲劳状态。

疲劳、生物节律紊乱以及睡眠被剥夺和干扰，是维修人为差错最主要的三个致因。疲劳对维修的负面影响是：导致警觉性降低，持续注意力、注意转移能力和注意分配能力降低；出现反应迟钝、思路单一、思想麻痹、记忆力下降、判断失误、条理性差、视野变窄，以及情景意识能力下降或者丧失，进而导致维修操作和排故判读出现差错，或无法及时发现和处理突发事件，甚至连常规操作也可能发生错、忘、漏现象。

### 2.6.1.2　维修疲劳对维修安全的影响

在执行维修任务的过程中，维修人员产生疲劳和情绪紧张的原因是多种多样的，主要分为环境因素和人为因素：在进行维修的过程中，由于停场时间的限制及航班安排，维修人员工作不分昼夜，加之维修中的工作压力、设备条件、地理环境和气象条件等都会在不同程度上给维修人员的精神和身体造成压力，使得维修人员在维修的过程中产生不同程度的工作疲劳；在维修、检修的过程中，操作空间有限，身体受到长时间的活动禁锢以及视线受到了长时间的限制，这些都会给维修人员产生负面影响；维修过程中单调的工作内容以及重复的机械操作给维修人员带来了较大的感官刺激，使得维修人员的精神警觉性不断地下降，在生理层面上表现出了心率和血压下降，这种状态一旦长时间维持，就会造成较大的精神紧张，构成了影响维修人员心理健康的隐患。

疲劳状态对维修人员产生的影响主要有如下：

首先，在身体疲劳或精神紧张的状态下，维修人员的注意力就会受到较大的损害，在工作的过程中很容易受到无关事情的影响，进而出现注意力被无端分散的状况。

其次，在身体疲劳或精神紧张的状态下，维修人员的记忆力也会受到相应的损害，思维能力就会明显受到限制，对于维修中的事务处理能力也会下降，就会在这一过程中出现日常不会出现的问题，例如不能够及时地排故，无法对故障进行根本原因分析等。

再次，在身体疲劳的状态下，维修人员的身体协调能力会受到损害，对于维修操作的精准性就会产生较为消极的影响。并且维修人员在这一过程会表现出精神不振，不可避免地会对飞机的维修操作的完整性造成很大的影响，维修任务执行也就会出现遗漏的现象。

总结一下，当维修人员处在疲劳的工作状态时，其各项身体指标和心理状态都会出现急速下降，容易产生错觉、感官迟缓，继而做出错误的维修操作，或不能及时地处理维修中遇到的特殊情况。

　　为了确保飞机的维修安全,在执行相关维修操作的时候一定要求维修人员保持清醒的头脑,对飞机的状态进行正确的监督和操作。并且对于自身的工作状态也要保持高度的警惕,因为维修人员往往难以发觉自身正在疲劳工作。

### 2.6.1.3　预防维修人员疲劳对维修安全影响的措施

　　工作疲劳产生的最常见的原因就是长时间工作。长时间工作会导致维修人员工作效率降低和感到身体疲倦。所以在对维修人员进行训练的时候,常常采用的是规范化的管理模式,通过保障足够的休息时间来确保维修人员身体指标的合格性。

　　为了避免因维修人员不好的精神状态对飞机维修安全产生影响,需要在选择维修人员的时候对其心理素质和心理承受能力进行较为严格的筛选。当维修人员在长时间工作后或者是工作过程中出现不良情绪时,相关的人员一定要帮助维修人员纾解心理压力,使其保持良好的精神状态以及稳定的情绪。也可以要求维修人员在日常休息和训练的过程中注意锻炼身体,以健康的身体状态参与日常维修工作,并尽可能地保持乐观的态度,及时地发现自身情绪问题,积极地调整,以此来确保自己以最优的状态投入到维修排故的工作之中。

　　当长时间不分昼夜地工作,即使身体素质再好,都会出现工作疲劳的状态。航空公司的管理人员应当考虑到这一问题,以轮休的方式克服疲劳问题,确保每个人都有充足的时间进行休息,这样问题就可以得到有效缓解。不仅如此,为了使得每一个维修人员在休息的时候得到最大限度的放松,公司人员还可引导维修人员采取科学的方法放松,排除身体的疲劳,以减轻疲劳工作对于维修安全的影响。

　　与此同时,其他人员对于维修人员的身体和精神状况要加强关注,一旦发现维修人员出现了乏力、嗜睡、精神萎靡等无精打采的现象的时候,一定要对其进行合理的判断、分析,避免这些早期的现象发展成为工作疲劳,当维修人员表现出情绪低落、沉默,以及较为轻微的头痛、轻微胸闷和心跳加快的时候,其他人员需要对维修人员进行适当的心理疏导,采取一定的措施来消除维修人员的精神压力,而尽可能地不要让其通过喝咖啡、茶和可乐来缓解,这对于解决情绪紧张和身体疲劳并没有实质帮助。

### 2.6.2　压力

### 2.6.2.1　压力的定义

　　1936 年,加拿大病理学家汉斯·塞利(Hans Selye)首次提出,压力是指个体面对外界刺激时所产生的非特异生理反应。随着对于压力研究的不断深入,诞生了"工作压力"这一概念。由于学派纷呈,加之研究视角的不同,目前学术界对于工作压力尚没有统一的定义标准。目前学者们对于工作压力的定义研究主要包括刺激论、反应论、刺激—反应交互论等(见表 2 - 10)。

表 2 - 10　工作压力的定义

| 压力类型 | 观 点 描 述 |
| --- | --- |
| 刺激论 | 工作压力是指工作环境对个体的刺激 |
| 反应论 | 工作压力是个体面对工作环境刺激时所发生的生理与心理反应。例如,当个体所承担的工作内容超出自身能力限度时所产生的生理与情绪反应 |
| 刺激—反应交互论 | 工作压力是指个体在面对刺激时所发生的压力反应,是一个动态的交互过程。例如,指因工作环境、特性、要求、期望等超出个体所能应对的范围,进而导致其生理与心理的紧张状态。林武认为,工作压力是指个体在受到刺激后,生理或心理层面发生变化的过程 |

### 2.6.2.2　压力的来源

维修人员的压力来源可分为物理压力因素与心理压力因素。物理压力因素包括:工作场所环境、噪声污染、密闭空间、繁重的体力劳动、缺乏体能锻炼、气候变化。心理压力因素包括:轮班因素、社会因素、工作要求因素和管理因素。其中,轮班因素包括长工作日、工作时间不规则、睡眠不足,社会因素包括家庭分离、团队矛盾、孤独、缺乏娱乐,工作要求因素包括内容单调、缺乏自由、决策压力、时间压力、工作繁多压力大,管理因素适用于机组管理层,包括对普通维修人员的管理资格不足、对其他维修人员的工作负责、安全与经济要求的冲突。

根据导致压力的事件或情况的持久性或者持续时间,可以把压力分为急性压力或者慢性压力。急性压力可以是积极的,但在短时间引起的很高水平的过度唤起会导致个人的疲意;慢性压力是在一段很长的时间内源源不断的风险和威胁导致的。慢性压力会耗尽人的精神和生理资源,然后留下一种无望和没有能力解决问题的感觉。适当的压力能提高人的行为能力,但过高的压力会消极地影响维修人员,比如难以集中注意力,警惕降低,判断力和记忆力下降;发生错误、遗漏、过失,出现不顾规章、跳过程序或寻找简单出路的趋势;反应迟缓,或过于兴奋;思维固着一个问题;无意愿去做决定;过于匆忙行动,采取简易措施,程序上缩减试验测试;增加冒险行为,进行不符合手册安装标准的强行拆卸、安装等。

### 2.6.2.3　压力对维修安全的影响

工作压力会对维修人员产生不安全行为影响。具体来讲,工作压力可能会使维修人员的心理状态失常,而这种失常的心理状态往往是个体实施不安全行为的重要诱因;工作压力也可能会降低个体工作满意度,进而导致不安全行为;工作压力会使得工作专注度降低,进而有可能导致不安全事故。

由于身处以安全为第一要务的民航领域,维修人员在执行维修作业的同时,还时刻承担着安全压力,维修人员的工作压力会处于相对偏高的水平。以民航维修人员为调查对象的研究发现工作环境压力、工作—家庭冲突压力、安全压力等都会导致维修人员发生心理变化,进而对其工作行为产生影响。

个体的工作压力可能会使人们产生超越阈值的情绪负担,当个体无法处理这些复杂的情绪体验时,就会产生心理倦怠,降低个体的工作专注度,进而增加不安全行为发生的概率。由于维修人员职业的特殊性质,现有针对维修人员工作压力的相关研究多从理论分析的角度出发,实证研究相对较少。维修人员的维修排故作业水平同时受到生理因素与心理因素的影响。在维修排故作业中,维修人员依然面临着半隔离、深夜工作、工作—家庭失调等困境。

### 2.6.2.4　预防维修人员工作压力对维修安全影响的措施

首先要重视民航安全管理中的压力管理。航空公司作为交通运输领域的重要主体,承担着部分服务功能。长期以来,航空公司对乘客坚持奉行"以人为本"的服务理念。但同时我们需要意识到,维修人员也是航班的关键主体。"以人为本"不仅适用于服务乘客,也适用于对维修人员的人性化管理。航空公司应坚持严管和厚爱结合、激励和约束并重。目前国内民航领域提倡惩罚文化,奉行以经济处罚或行政处罚来遏制不安全行为的发生。由于民航系统的特殊性质,安全在航空文化中占据首要地位,采取强硬的惩罚性措施,确实在一定程度上为我国民航领域的低事故率提供了保障,目前航空公司对于惩罚文化的推行,使得相应规章制度越来越严格,逐渐超出其承受范围[13]。

严管厚爱、人性化管理可以从组织层面对维修人员工作压力进行干预,降低其工作压力水平,进而减少不安全行为发生的可能性。

其次要推进员工自愿报告系统的实施。在面对同事及本人的不安全行为时,所承受的工作压力也随之增加。根据社会交换理论,在这一背景下,如果航空公司为维修人员进行安全报告提供保密、减免责任的规章保障,不仅可以为维修人员采用员工自愿报告系统提供心理支持,减少其心理负担,而且可以在一定程度上疏导维修人员的工作压力,并且可以逐步建设开放、主动的安全报告环境。一旦形成安全氛围的良性循环,则可以进一步鼓励维修人员密切关注周边的不安全行为,减少安全事故的发生。

　　然后要提升维修人员安全氛围感知水平。维修人员所感知到的心理安全氛围主要包括管理承诺与沟通、管理优先权等,航空公司可以从这些方面着手,来加强心理安全氛围的开发。航空公司可以根据民航领域的现实情况,由管理者在维修人员工作会议或安全培训会议中积极做出管理承诺,使维修人员切实感受到组织对于安全管理的重视。这既可以使心理安全氛围的开发更具针对性,也可以增加维修人员的安全参与感,进而遏制维修人员的安全不遵守行为与安全不参与行为。

　　航空公司需要增强对于维修人员心理的关注度,可以建设心理论坛、心理咨询、心理互助等平台,鼓励维修人员及时与组织沟通自己在家庭和工作中遭遇的困境,以提升维修人员的心理安全氛围感知水平。

　　最后要加强维修人员心理韧性开发。由于面临诸多压力,维修人员为了保证航班安全,在维修排故作业需要调用大量的认知资源,根据资源有限理论可以知道,认知资源是有限度的,因此当维修人员面临工作压力及挑战时,其对于困境的应对处理能力会受到一定影响。而心理韧性作为一种积极心理资本,可以提升维修人员应对工作压力挑战的能力,降低不安全行为发生的可能性,减少安全事故的发生。当维修人员压力水平过高时,其工作状态可能会表现出异常。在此背景下,航空公司管理者除了关注维修人员的生理健康,也应该对维修人员的心理状态保持关注,与维修人员保持有效交流。例如工作失误导致维修人员压力较大,管理者要及时帮助维修人员找出失误原因,开展相关技术能力培训,提升维修人员能力和自信。还要从工作负荷、人际关系、工作无奈感、安全氛围等方面制定针对性的防控措施。心理韧性不仅可以提升维修人员应对工作压力的能力,也可以提升维修人员对航空公司心理安全氛围的感知。可以从航空公司和维修人员两个层面来制定措施,进而提升维修人员的心理韧性水平,帮助维修人员提升应对挑战的能力。维修人员应该积极参加航空公司提供的心理培训等活动,同时应该正视心理咨询的必要性,当工作压力不堪重负或者面临其他自身难以处理的心理困境时,要积极寻求心理援助,接受组织与领导的帮助,从而不断提升心理韧性水平、缓解压力,切实减少不安全行为的发生。

### 2.6.3　习惯

#### 2.6.3.1　习惯的定义

　　人们常说"习惯成自然",其实是说习惯是一种省时省力的自然动作,是不假思索就自觉地、经常地、反复去做了。习惯形成是学习的结果，是条件反射的建立、巩固并臻至自动化的结果。构成习惯的三大要素是"知识""技巧"与"意愿"。知识是理论性的观念，指点我们"做什么"以及"为何做"；技巧是指"如何做"；意愿则是"想做"，表示我们有付诸行动的愿望。这三项正是确保个人行为安全的法宝。可见要想抓好安全工作，这三项要素缺一不可，就得让习惯来守住安全的底线。著名教育学家叶圣陶[14]说过"凡是好的态度和好的方法，都要使它化为习惯。只有熟练到形成习惯，好的态度才能随时随地表现，好的方法才能随时随地运用。好像出于本能，一辈子受用不尽。"

#### 2.6.3.2　习惯的作用原理

首先来看看差错和事故是怎样产生的，在此不得不提到人为因素中著名的"瑞士奶酪"模型，该模型认为：差错和事故的发生通常不是孤立事件的结果，而是多种系统缺陷凑到一起的结果，是一系列操作不当，一环扣一环，最终酿成的。事实确实如此：正常情况下，维修人员在工作中应全面搜索空中交通冲突和不正常情况，进行分析和判断，结合自己的知识、经验和实际情况，收集若干应对措施，并在其中挑选一个或多个正确的措施付诸实施。而实际工作中，维修人员却往往受到硬件、状态、技能和习惯的制约，做出了一系列错误的判断和行动，最终导致差错和事故的发生，图 2 - 11 为差错和事故发生模型。

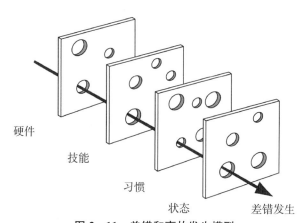

硬件　技能　习惯　状态　差错发生

**图 2 - 11　差错和事故发生模型**

由此不难看出，危险只有穿过各种因素的空隙，差错和事故才会发生，其中任何一个要素挡住危险，差错和事故就不会发生。由于不同的人有着不同的先天条件、生活环境和工作经历，因而在特定的情况下就会表现出不同的错误概率。有学者曾把个别稳定的容易发生事故的人称为"事故频发倾向者"。大量事实证明,人与人之间在错误的发生频率上有很大的个体差异。那些经常犯错的维修人员总是抱怨自己的运气有多差,问题总是让他碰上,而且当时的情况又是如何复杂,如何糟糕。其实,并不是别人没有遇到类似的问题,而是别人有非常好的维修习惯,在事故发展过程中斩断了事故链,从而避免了差错和事故的发生。而这些习惯正是从最初的见习时期就开始注重培养的,经过常年的坚持不懈最终内化成自己的本能,在整个工作的过程中时刻充当防火墙的作用,各个击破可能存在的隐患。

### 2.6.3.3　习惯对维修安全的影响

从社会层面来看,习惯是人们在较长时间里养成的共同的生活方式和行为准则;从个人层面来看,习惯是反复做的动作或事情,是自动化了的反应倾向、活动模式、行为方式,其中包括了人的思维和情感的内容。好的习惯助人成功,坏的习惯使人受挫。对维修人员来讲,维修任务管理规定、维修程序等,理应是共同遵守的行为准则和良好习惯。但是,由于潜意识和潜规则的表现,维修人员会经常性地违背严格且安全的行为准则。

任何一个维修人员在维修任务中都不是故意犯错误,而是在特定的情境中由于受一种或多种因素的影响以及人固有的功能局限而导致差错的。由于不同的人具有不同的天赋秉性、生活环境与个人经历,因而在特定的工作环境中就有不同的错误频率。在同样情况下,有的人比其他的人具有更高的事故发生率。造成这种差异的原因有两种解释:一种是先天性的,比如天生就粗心大意;另一种是个体在后天的特定生活环境中习得的,是个体在成长过程中不良的生活习惯造成的,如散漫懈怠。即使相同的错误,其原因也可能有着本质的不同。譬如,某个维修人员在一段时间里,可能会比其他时间犯更多类似的错误,其原因既可能是由于他在这一段时间里正处于较高的应激状态中(或家庭纠纷,或人际关系冲突等),也可能是他由于近期疲劳、压力等问题所引起。对于不同的维修人员来说,同样是发生不稳定的人为差错,既可能是由于维修经验的不足,也可能是粗心大意或盲目蛮干违章所致。同样的错误在不同条件下也会有不同的后果。可见,对于错误的分析,应该放在具体的情境中去考虑。

在操作过程中,由于生理、心理和情绪、压力的影响,容易出现的差错包括如下:一是注意力范围锥形收缩或注意力涣散;二是思维困难、犹豫不决,不能迅速、准确地分析当前情境和备选方案,表现为犹豫不决举棋不定;三是工作程序混乱,往往倾向于过高地估计情境的复杂性,计划性不强,在行为上出现"手忙脚乱"的状态；四是行为倒转，情绪过于紧张，而使原来常有的习惯动作自动呈现出来，如下意识寻找曾经某个使用过的按钮或手柄，或执行旧的测试程序等；五是省略或遗漏检查单。由于思维不清晰或注意力不集中，常出现省略或遗漏检查单项目及其他测试程序的现象。

另一种情况是违规，故意偏离安全操作手册、标准程序或规章，对安全构成严重威胁，主要有三种类型：一是习惯性违规。有些违规对维修人员来说已经习以为常，甚至还会为这些违规找理由，比如继续使用有裂痕的零件，说是节约成本，或是不使用专用工具进行维修操作成为习惯性违规。二是乐观性违规。这种情况不多见，有时候维修人员做出一些不该做的动作，认为不会造成不好的影响，例如停场时间不够，却使用固化时间长的密封胶，就放行了。三是特例违规。这种违规，往往维修人员有着很好的愿望，但是由于特殊环境或特殊原因使得违规不可避免。

最后在决策中也可能出现决策和操作分离的现象。比如心里想的是使用某型号的紧固件，手上拿着的却是另一个型号的紧固件。

#### 2.6.3.4　纠正维修人员不良习惯的措施

心理学家威廉·詹姆士说："播下一个行动，收获一种习惯；播下一种习惯，收获一种性格；播下一种性格，收获一种命运"。这说明了思想决定命运，因此，在改变行为习惯之前先要改变思维，思维改变了，才可能改变行为，而习惯的建立在于重复，在重复的过程中使思想、行为、习惯、命运之间达成新的统一，且协调一致。但往往努力在重复过程中出现反复而前功尽弃，这说明改变习惯的艰巨性。为此，就纠正维修人员维修任务中不良习惯建议如下：

首先，要有纠正不良习惯的动力。一个人要改变习惯真的很难，而且改变不良习惯就更难，因此他需要有足够的动力。为了纠正不良习惯建立好的习惯，必须双管齐下才能取得好的效果。根据统计，80%的事故是由人为因素造成的，而人为因素中现场失误造成的事故基本上都是违法、违规的不良习惯构成的。国家的"铁腕治安全"已经从煤炭行业延伸到交通运输等其他行业。不良习惯意味着违法违规，违法违规意味着发生事故，而发生重大事故不是像行政处分、罚款、降职、撤职那么简单了事，可能是拘留、逮捕和刑罚。这就提醒维修人员应从现在开始积极行动起来，改变维修工作中的不良习惯，养成遵守公约、规则、法律法规和规定的好习惯。行动就要摒弃不良习惯和养成好习惯。维修人员应学习前辈好的维修习惯，慢慢融入日常工作的思想和行动。要像叶圣陶先生说的那样，养成好习惯。只有拒绝不良习惯养成好习惯，才会使你受益无穷，使你成为船长,成为卓越的资深维修人员。

其次,要纠正不良习惯的氛围。在正规的航空公司中,在进机库工作前都要进行正规的考试和培训,考试成绩总体都相当好,也就是说实际操作上应该怎么做,是具备相关能力的,但是在具体操作过程中却忘记了,又回到了不良习惯的行为动作。这说明光有做法还不够,还要有氛围来纠正不良习惯和建立好习惯。维修人员的班组长要善于捕捉维修人员在维修任务中的不良习惯的苗头,在其滋生阶段就予以纠正,不能让其蔓延和形成不良习惯。特别当有新来的维修人员时,班组长要观察其在维修中的行为习惯,善于发现不良习惯和挖掘好习惯,好习惯要加以肯定和宣扬,对不良习惯给予指出并帮助纠正。使整个维修团队在维修中保持着良好的行为习惯。氛围除了指人与人之间的氛围,还应该包括环境氛围,应对维修现场进行 6S 管理,规范工作环境,操作完成中带好工具,避免遗留物品等。

除了公约、规则、法律法规以外,公司对维修任务相关的规章制度要进行修订,消除原来不易执行、规程复杂而不好操作、流程不完整而无法完成的条款,不使维修人员因难以执行而自创套路形成不良习惯,要让不良习惯在制度执行上没有生存的地方,使维修人员在维修任务中自觉建立"规则意识",在瞭望、避让操作中切实坚持"规范动作",真正养成良好的习惯行为。

最重要的是要加强维修专业技能的培训工作。要坚持教育与养成良好的职业习惯并举,坚持安全意识的教育、安全理念的灌输、事故案例的警示等相结合,采取引导、激励等多种手段规范驾驶人员日常安全行为。

# 第3章 商用飞机维修人为因素设计

## 3.1 维修人为因素要素集

### 3.1.1 概述

商用飞机维修人为因素设计是飞机维修性设计的重要组成部分。商用飞机维修人为因素设计可以分为维修可达性设计、维修安全设计、维修防差错设计和维修简便设计。

### 3.1.2 维修可达性

商用飞机维修可达性设计的目的是满足第25.611条可达性措施条款对飞机各对象进行维护的接近要求。

第25.611条要求必须具有措施,使其能为持续适航提供所必需的检查(包括检查主要结构元件和操纵系统)、更换正常需要更换的零件、进行调整和润滑。每一个项目的检查方法对于该项目的检查间隔时间必须是切实可行的。如果表明无损检查是有效的,并在第25.1529条要求的维护手册中规定有检查程序,则在无法进行直接目视检查的部位可以借助无损检查手段来检查结构元件。

可达性是指维修时接近飞机不同的组成单元的相对难易程度,也是接近维修部位的难易程度。维修部位看得见、够得着,不需要拆装其他单元或拆装简便,容易达到维修部位,同时具有为检查、修理或更换所需要的空间,这就是可达性好。

产品的可达性一般包括三个层次,即视觉可达性、实体可达性和操作空间可达性。合理的结构设计能够提高产品可达性。

### 3.1.3 维修安全

商用飞机维修安全设计的目的是确保商用飞机在维护修理过程中,不会对飞机系统设备、结构、维修人员自身以及维修使用工具设备等造成安全危害影响。

商用飞机维修安全设计,需要首先识别维修安全风险,随后提出有效风险应对措施。

维修安全风险包含但不限于以下类别:运动撞击、重量伤害、电击伤、化学伤害、飞机腐蚀、电磁辐射、高温烫伤、尖角磕碰、静电敏感、高空作业、起火爆炸、高压气体、高压液体、磁场干涉、微粒吸入、健康感染、眼部损伤、踩踏风险、抓握风险、复合材料损伤风险等。

有效的风险对应措施包含在飞机系统设备或结构上设置醒目标识,在维修类手册中囊括警告警戒等。

### 3.1.4　维修简便

商用飞机维修简便设计的目的是确保商用飞机维修过程简单方便,减少维修成本以节约维修单位的费用。维修简便可以从互换性、标准化、通用性、维修工具、标记标识、口盖、航线可更换单元(LRU)、排故等多个方面进行考虑,如图3-1所示。

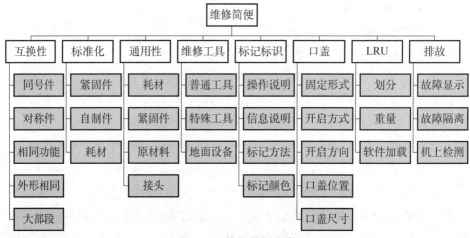

**图 3-1　维修简便分类**

### 3.1.5　维修防差错

商用飞机维修防差错设计的目的是避免维修人员在飞机维修过程中出现差错现象,确保飞机下次运营或维修时正常,不会造成安全事故的发生。

一般来说,商用飞机设计阶段防差错设计措施可分为以下5类:

(1) 物理措施。主要措施如下:对设备的电插头/管接头或其他结构的形式进行区分。例如使电插头的壳体外形、键位或者尺寸不同,或设备的销钉不同。通过差异化的物理设计,有效进行区别,做到即使发生差错也能立即发现。

(2) 线束/管路措施。对连接线束、管路或螺钉的直径进行区别,或者线路/管路敷设实现连接器防差错。如线束采用不同长度和敷设路径,确保至少一个连接器由于线束长度不够而无法完成对接;导管采用不同敷设路径、不同长度以及卡箍与支架的位置等,确保至少一个管路接口由于管路长度不够而无法完成对接。通过连接措施的设计,做到无法实现差错,从而达到防差错的效果。

(3) 标识措施。主要措施如下:设备上颜色进行区分;设备上设置符号(例如箭头、刻线)进行区分;设备上设置有说明标牌,说明标牌上应有准确的数据和有关注意事项。在设备的表面或者邻近位置设置标识,通过目视检查比较直观地进行区分。

(4) 工程文件措施。主要措施如下:工程文件如设置安装技术条件相关的防差错提示或警告信息。飞机工作都应有工程文件,需要注意各类文件本身是否正确,且图纸之间是否适配,以及是否满足设备防差错要求等。在工程文件设置醒目的警示文件,可以将复杂的防差错工作简单化,防止误操作。

(5) 程序检验措施。主要措施如下:通过机上试验程序(OATP)检测差错或在飞机维护手册(AMM)编写程序检测差错,例如进行发动机 FADEC 试验或全机通电试验,使飞机在维护时,即使发生差错也可通过试验有效地检测出发生差错的情形,从而在飞机起飞前,纠正差错,提高飞机安全性。

## 3.2　维修可达设计与验证

### 3.2.1　维修可达设计准则

维修可达设计准则如下:

(1) 飞机设计应满足 CCAR 第 25.611 条 可达性措施的要求。必须具有措施,使能进行为持续适航所必需的检查(包括检查主要结构元件和操纵系统)、更换正常需要更换的零件、调整和润滑。每一个项目的检查方法对于该项目的检查间隔时间必须是切实可行的。如果表明无损检查是有效的并在第 25.1529 条要求的维护手册中规定有检查程序,则在无法进行直接目视检查的部位可以借助无损检查手段来检查结构元件。

(2) 设备布置应综合考虑维护口盖的形式,以便对设备进行检测、拆装及调试。

（3）做检查任务时，应做到无须拆卸其他设备、零部件。

（4）所有可以在航线中进行更换、报废的设备和零部件应能方便拆卸、安装，并应不拆卸邻近的其他设备和零部件。

（5）设备更换的通道上应不被框架、隔板、支架和结构件遮挡（见图 3－2）。

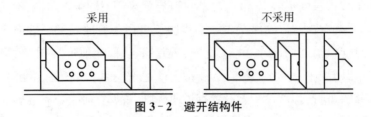

图 3－2　避开结构件

（6）在无须移动相关部件的前提下，应提供电缆/管路的断开/连接所需的通道。

（7）LRU 更换的接近和受主最低设备清单（MMEL）影响部件的接近应考虑采用快卸紧固件。

（8）为 LRU 设置的维修口盖/面板应使用快卸锁销或十字螺钉固定。

（9）保留/恢复 MMEL 相关设备时应无须打开/移除客/货舱地板、应无须从货舱卸载货物、应无须移除辅助燃油箱或其他模块（如机组休息室、厨房或盥洗室）。

（10）需定期更换（如过滤器的更换）和保养（如润滑、清洁）的设备应避免通过客舱地板接近。若无法避免，地板下方设备的接近口盖应设置在过道。

（11）确保某一区域/项目的可达性需要考虑接近受影响项目的频率。表 3－1 总结了计划维修项目的可达性要求。

表 3－1　计划维修项目的可达性要求

| 任务间隔 | 可达性要求 |
|---|---|
| A 检内 | 接近应无须工具，无须从飞机上拆除门或者面板 |
| A 检至 C 检之间（含 C 检） | 接近应通过安装有系紧型快卸紧固件的门或面板<br>无须从飞机上拆除口盖 |
| C 检以上 | 应能够通过采用常规螺钉固定的面板接近。同一面板应采用同一种螺钉<br>同一区域的所有螺钉应使用同一种标准工具<br>把选用在整个飞机寿命期内能重复使用的螺母作为一个设计目标 |

注：快卸紧固件是指使用标准手持工具能在 5 s 内完成拆卸或安装的紧固件。

（12）系统、设备及组件的检查点、测试点、检查口盖、润滑点以及燃油、液压等相关系统的维护点都应布置在便于接近的位置。这些检查、测试和勤务点应不得靠近放射源、进气口、排气口、放油口和可动操纵面等部位。

（13）测试点、调整点、电缆接头、标牌应布置在维修人员能全部看见和接触到的地方。

（14）机组和乘客所处的位置不应布置勤务点。

（15）服务舱门和口盖的位置应根据地面服务（如气源、空调、电源、燃油、水/废水等）的需要来布置，确保服务车辆能同时接近飞机。

（16）维修口盖的开启形式应根据维修工作的频率和要求确定。维修口盖的尺寸和位置应满足维修人员能看得见、够得着所需维修和勤务的设备和部件的要求，而且应提供足够的操作空间。

（17）维修人员在拆装零部件时，应当留有必要的维修空间。

（18）需要维修人员钻入进行检查、调整、勤务和维修的设备和部件，其维修通道开口的尺寸、形状应确保肢体、工具和设备容易进出。因此，舱门和口盖的尺寸不应小于表 3-2 和图 3-3 所示的要求，以避免肢体、工具和设备通过困难。

表 3-2　需躯体钻入的门和口盖推荐尺寸

| 开口类型 | A/cm | B/cm |
| --- | --- | --- |
| 顶部/底部开口 | ≥38 | ≥65 |
| 侧开口 | ≥72 | ≥80 |

注：A 为前后宽度或上下高度，B 为左右宽度，如图 3-3 所示。

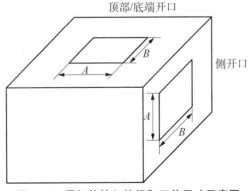

图 3-3　需躯体钻入的门和口盖尺寸示意图

（19）维修人员应能在佩戴厚手套的情况下打开通常在航线维护时需要打开的口盖（特别是勤务口盖）。

（20）口盖打开后应提供足够的空间使得最大的部件和适配的工具通过。

（21）部件之间应具有足够间隙以保证维修任务的实施。

（22）在安装零部件时应有保证能容纳手指提取螺帽螺钉的空间。螺钉螺帽的位置应不能太靠近零部件壁，也应不能互相靠得太近以致无法方便地使用扳手。

（23）对于只能使用开口扳手进行拆装或调整的设备、管路和紧固件，应在其周围留足保证开口扳手单次旋转不少于 60°的扳手活动空间。

（24）电插头之间应相距足够远，以保证链接和拆开时能牢固地用手抓住，相距距离为插头尺寸加上 60 mm 的最小间隙，如图 3-4 所示。

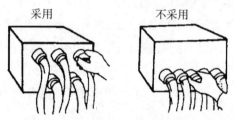

**图 3-4　插头合理布置以便插拔时能牢固地用手抓住**

（25）维修通道除了能容纳维修人员手臂外，还应留有适当的间隙以供观察。

（26）飞机外部勤务口盖应使用铰链连接，铰链应可修可换。

（27）铰链不可用时应采用系留装置。在有风的情况下，所有勤务门/口盖应有措施使其保持在开位。

（28）带铰链的壁板/门应有清晰可见的未锁定的指示，如图 3-5 所示。

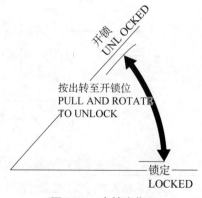

**图 3-5　未锁定指示**

（29）顶起点的位置应能保证顶起设备不会阻碍拆卸/安装主要部件（例如起落架、襟翼、前缘、发动机）。

（30）液压管路、空调管路、走线槽、控制杆和扭力管应布置妥当，从而防止接近接头和支架时受阻挡。管路之间应提供使用工具所需的足够的空间。

（31）管路、电缆敷设时，两者的间距应符合规定的要求，一般电缆应置于管路上方；不易接近和检查的部位应不设管路、电缆；燃油、液压等管路的布局应整齐规则，应避免里外重叠，以便观察和维护。

（32）电缆应有足够的长度，以保证在 LRU 拆卸更换过程中可以接近连接器。

（33）所有连接处应布置在便于标准工具接近处，且维修时无损伤相关部件、结构和电缆等的风险。

（34）选用的电插头或管接头应易于接近/更换，以便于 LRU 的拆卸/安装。

（35）设备和部件应避免布置在可能被滑油、液压油、其他液体、污垢等污染的地方。

（36）电气设备应避免置于易积水处，否则应采用托架垫高安装。

### 3.2.2　维修可达性分析方法

#### 3.2.2.1　确定分析对象

商用飞机维修可达性分析是维修性定性分析的一个方面，其分析对象是飞机产品，包含系统设备和结构部件。根据总体设计方案、布置方案和系统设计方案，依据设备清单和相关设计信息，明确具体的维修可达性分析对象。

#### 3.2.2.2　开展维修可达性分析

根据统计的维修可达性分析信息，通过维修通道、设备安装/连接方式、维修工具、是否需要拆除周围其他设备等角度开展维修可达性分析，确认其相应的设计是否符合维修可达性设计原则。

#### 3.2.2.3　形成分析结论

通过维修可达性分析，填写维修可达性分析检查单，如表 3 - 3 所示。根据检查单中符合情况，形成维修可达性分析结论。

表 3 - 3　维修可达性分析检查单

| 序号 | 维修可达性分析检查内容 | 是 | 否 | 不适用 | 备注 |
| --- | --- | --- | --- | --- | --- |
| 1 | 设备布置应综合考虑维护口盖的形式，以便对设备进行检测、拆装及调试。 | | | | |
| 2 | 做检查任务时，应做到无须拆卸其他设备、零部件。 | | | | |

（续表）

| 序号 | 维修可达性分析检查内容 | 是 | 否 | 不适用 | 备注 |
|---|---|---|---|---|---|
| 3 | 所有可以在航线中进行更换、报废的设备和零部件应能方便拆卸、安装，并应不拆卸邻近的其他设备和零部件。 | | | | |
| 4 | 设备的更换的通道上应不被框架、隔板、支架和结构件遮挡。 | | | | |
| | …… | | | | |

### 3.2.3　虚拟维修仿真可达性分析方法

#### 3.2.3.1　实体可达性分析方法

基于虚拟维修仿真平台，在虚拟维修场景中根据虚拟人的位置和姿态，对维修过程进行实体可达性分析。

建立人体手部可达性包络球进行实体可达性分析，通过确定人体手臂与维修对象的距离，判断维护人员能否接近和操作维护对象，如图 3-6 所示。

**图 3-6　人体手部可达性包络球**

维修人员进行直接维修操作或通过维修工具的维修操作时，可达性分为以下两种情况：

（1）若维修对象处在区域 1 内，则说明维修对象可达；

（2）若维修对象处在区域 2 内，则说明维修对象不可达。

实体可达性评价根据维修对象与维修人员之间的距离，以及人员与维修对象之间是否有障碍物来评价，分为以下情况：

（1）维修人员在自然的维修姿态时，维修对象在可达范围内，则可达性良好；

（2）维修人员经过姿态的调整，维修对象包含在了可达范围内，则可达性一般；

（3）维修人员经过姿态的调整，维修对象包含在了可达范围内，但被障碍物遮挡，需拆相关的障碍物，则可达性较差，实体可达具体评价如图 3-7、表 3-4 所示。

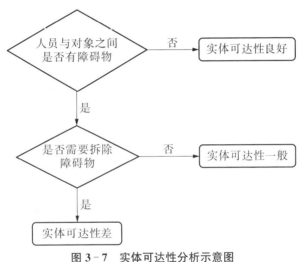

**图 3-7　实体可达性分析示意图**

**表 3-4　实体可达性分析结果描述**

| 序号 | 描　述 | 评价 |
| --- | --- | --- |
| 1 | 维修对象在可达范围内，与人员之间不存在障碍物 | 良好 |
| 2 | 维修对象在可达范围内，与人员之间存在障碍物，但不需要拆除障碍物 | 一般 |
| 3 | 维修对象在可达范围内，与人员之间存在障碍物，维修时需要先拆除障碍物 | 差 |

### 3.2.3.2　可视性分析方法

基于虚拟维修仿真平台，在虚拟维修场景中根据虚拟人的位置和姿态，进行可视性分析。

　　建立视锥进行维修对象的可视性分析,通过确定人眼生理视野区域,得到人眼视线的视锥,根据维修对象在视锥中的分布位置来对维修部位的可视性进行评价。基于 GJB 2873 - 1997 标准,最佳视野范围定义为:当人的头部保持直立不动而只是眼球在转动时,视线中心线上下左右各 15°的圆形区。而最大视野范围是指视线中心线上 15°到 40°,下 15°到 20°,左右 15°到 35°的椭圆形区(见图 3 - 8、图 3 - 9)。

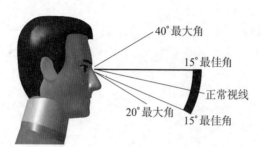

图 3 - 8　人的姿态保持不动时的垂直视野

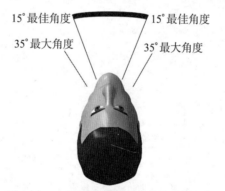

图 3 - 9　人的姿态保持不动时的水平视野

　　可视性评价按维修对象在人员的视野区域位置进行评价,分为以下情况:

　　(1) 位于最佳视野范围,则维修时可视性良好,维修人员能舒适地观察维修对象,进行维修活动;

　　(2) 位于最大视野范围以内时,则维修时可视性一般,维修人员能勉强看到该对象的轮廓,但时间久了,会造成眼部和身体的疲劳;

　　(3) 位于最大视野范围以外时,则维修时可视性差,维修人员不能看到维修或检测部位。

可视性的具体评价如图 3-10、表 3-5 所示。

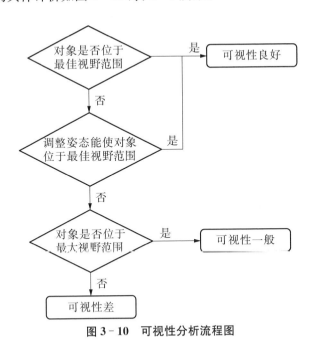

**图 3-10　可视性分析流程图**

**表 3-5　可视性分析结果描述**

| 序号 | 描　　述 | 评价 |
| --- | --- | --- |
| 1 | 维修对象位于最佳视野范围内,或者通过调整姿态能使维修对象位于最佳视野范围内 | 良好 |
| 2 | 维修部位不位于最大视野范围内,通过调整姿态能使维修对象位于最大视野范围内 | 一般 |
| 3 | 维修部位位于不可见范围内,通过调整姿态不可实现最大视野范围内可见 | 差 |

### 3.2.3.3　操作空间分析方法

操作空间评价根据有无操作的空间来评价,分为以下情况:

(1) 维修人员在自然状态下手臂和维修工具有操作空间,能方便地完成维修操作,整个过程中无干涉,则操作空间良好;

(2) 维修人员在调整身体姿态后,手臂和工具少部分与周围设备发生碰撞,能完成维修操作,手臂、工具和周围环境很少发生干涉,则操作空间一般;

(3) 维修人员在调整身体姿态后,手臂和工具仍无法避免和周围设备发生碰撞,很难完成维修操作,干涉现象严重,操作空间差。

操作空间分析具体评价如图 3-11、表 3-6 所示。

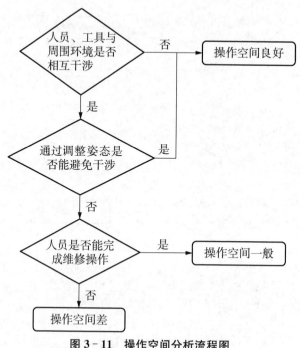

图 3-11 操作空间分析流程图

表 3-6 操作空间分析结果描述

| 序号 | 描 述 | 评价 |
| --- | --- | --- |
| 1 | 维修操作空间与周边环境无干涉 | 良好 |
| 2 | 维修人员能完成维修操作,但维修操作空间与周边环境有少量干涉 | 一般 |
| 3 | 维修人员无法完成维修操作,与周边环境干涉情况严重 | 差 |

## 3.3 维修安全设计与验证

### 3.3.1 概述

本节针对飞机维修操作过程,分两个方面介绍与维修安全相关的工作。首先是对于人员的维修安全要素,其次是对于飞机产品本身及零部件、周边设备和环境需要考虑的维修安全要素。

### 3.3.2　维修安全的设计要求

#### 3.3.2.1　对于人员的维修安全设计要求

（1）应按照使用和维修时人员所处的位置、姿势与使用工具的状况，提供适当的操作空间，使维修人员有比较合理的姿势，尽量避免以跪、卧、蹲、趴等容易疲劳或致伤的姿势进行操作；

（2）故障频率高、预防性维修频繁、调整工作难、拆装时间长的部件应避免布置在高温、高压、高噪声、毒性物质、微波、放射性物质及其他有害物质的环境中，防止维修人员在维修过程中受到伤害；

（3）若难以避免维修工作进行时接近有害环境，则应采取相应的防护措施（如采用隔离材料、设置醒目的提示标识等）；

（4）驾驶舱内可以直接接触到的设备和构件，以及其他舱内可能位于维修通路上的设备和组件，都应避免尖锐的棱角，以免碰伤维修人员；

（5）重量超过 18 kg（或 40 lb）的部件、设备，应配有手柄或相应的起吊装置便于维修人员操作，以防对维修人员造成伤害。

#### 3.3.2.2　对于产品的维修安全设计要求

（1）在设计时应充分地考虑并采取措施，以防止在连接、装配、安装和其他维修操作中发生差错的可能性，即使发生维修差错也能立刻发觉，避免导致损坏飞机和发生事故等后果；

（2）重要设备或部位（例如油箱口盖、同一分离部位上的多根导管或多个电缆插头）应采用"错位装不上"的特殊措施；

（3）重要设备的设计和制造应有防装错的机械措施，以保证不可能进行机构或电气的错误安装或以错误的方式连接电缆、电气连接器等；

（4）需要挪动但并不完全卸下的产品，挪动后应处于安全稳定的位置；

（5）严重危及安全的设备、部件应有故障自动防护措施，不至于当一个部件或设备发生故障而伤害人员及损坏其他设备、部件；

（6）应急按钮或把手应放置在可达性最好的部位，并有防护措施，以防止因误碰而伤人或损坏设备。

### 3.3.3　维修安全分析方法

#### 3.3.3.1　分析输入

商用飞机维修安全分析是维修性定性分析的一个方面，其分析对象是飞机产品。通过维修安全分析，对飞机产品进行维修性评估，促进飞机的生产、供应

和维修,其分析输入如下:

(1) 维修性设计准则;

(2) 飞机总体设计方案;

(3) 飞机各系统布置方案;

(4) 系统设计方案和设备清单;

(5) 其他已有的设计信息和试验数据。

### 3.3.3.2　分析输出

维修安全分析的输出应包括以下内容:

(1) 维修安全分析内容;

(2) 维修安全分析结论;

(3) 对维修安全差的产品的分析说明,并提出优化建议。

### 3.3.3.3　分析步骤

维修安全的分析步骤如下。

(1) 确定分析对象:根据总体设计方案、布置方案和系统设计方案,依据设备清单和相关设计信息,明确具体的维修安全分析对象;

(2) 维修安全信息收集:根据上述步骤确定的分析对象,对维修安全分析的信息进行统计,列出所有维修安全分析的信息,如表3-7所示。表中,维修任务包括设备拆装、一般目视检查、详细检查、操作检查、功能检查、勤务、润滑等;接近方式包括接近分析对象所需通过的口盖、舱门、壁板等,应包含维修通道的口盖编号和尺寸信息;维修环境需注明在分析对象周边是否存在高温、高压、电、腐蚀、毒性等有害因素;

表3-7　维修安全分析信息

| 序号 | 设备名称 | 重量 | 维修任务 | 接近方式 | 维修环境 |
| --- | --- | --- | --- | --- | --- |
| | | | | | |

(3) 开展维修安全分析:根据统计的维修安全分析信息,从维修任务、接近方式、维修环境等角度开展维修安全分析,判断其相应的设计是否符合维修安全设计原则。如果存在不符合的情况,应考虑进行设计优化。

### 3.3.3.4　维修安全分析检查单

维修安全分析的检查内容如表3-8所示。

表 3‐8　维修安全分析检查单

| 序号 | 检查内容 | 检查情况 | | | 解释说明 |
|---|---|---|---|---|---|
| | | 是 | 否 | 不适用 | |
| 1 | 飞机顶起、发动机试车、舵面操作等容易引起维修人员伤害的维修活动在相关区域是否设有明显的标识说明或告警标识？ | | | | |
| 2 | 容易引起维修人员伤害的部件（如过重、高压、高温、敏感部件等），是否在便于观察的位置设有醒目的标志、文字警告？ | | | | |
| 3 | 对于存在潜在危险的航线可更换单元的拆卸更换工作，是否采用适当的标签和标志来提示和警告维修人员？ | | | | |
| | …… | | | | |

### 3.3.4　减少维修安全事件的防范措施

从设计上阐述减少维修安全事件的飞机设计措施，而对于思想意识上的不进行阐述。

#### 3.3.4.1　物理措施

识别容易出现影响人和飞机差错，且差错会导致严重后果的部分。

通过物理防差错措施保证维修安全。例如，左右发动机灭火瓶爆炸帽的维修安全设计，应使用物理防差错措施，避免单发起火时出现严重的后果。

#### 3.3.4.2　标识措施

如果物理措施因设计成本、周期原因导致无法实施时，可通过标识措施解决。

例如，飞机顶起、发动机试车、舵面操作等活动，通过物理措施确保维修安全是非常困难的。因此，对容易引起维修人员伤害的维修活动，应在相关区域设有明显的标识说明或告警标识；对容易引起维修人员伤害的部件（如过重、高压、高温、敏感部件等），应在便于观察的位置设有醒目的标志、文字警告，以防止发生事故和危及人员及设备的安全。

#### 3.3.4.3　程序措施

由于手册是维修人员的主要依据，因此，对于可能由于人为差错导致的"误操作"，通过手册发布程序措施开展安全防护也是可行的措施之一。程序措施的具体内容，应遵循手册的相关编制规定，程序措施中的文字与示意图应尽可能简洁明了，直观易懂。

## 3.4　维修简便设计与验证

### 3.4.1　标准化、互换性、模块化

#### 3.4.1.1　概述

在维修简便设计中,标准化的对象是产品,包括系统的硬件和软件的各层次产品。标准化维修性设计的特征是简化、统一,可以简化维修活动,降低对维修人员技能的要求,以及减少维修技术文件的需求。

互换性是在功能和物理特性上相同的产品在使用或维修过程中能够彼此互相替换的能力。

模块化是指在产品设计过程中将产品分成具备独立功能的模块,再通过模块组合来构成系统。模块化维修性设计的优点在于模块可以独立进行测试和检查,更换后不需要做维修调试,模块的安装拆卸不需要使用专用工具,以及缩短维修时间。

#### 3.4.1.2　设计准则

标准化、互换性、模块化维修性设计准则如下:

(1) 设计时应选择标准化设计和选用标准化的设备、零部件,减少其种类、规格;

(2) 设备、零部件之间的连接件、线路应实现标准化;

(3) 与维修有关的尺寸、螺纹、规格、气、液压力等均应实现标准化和规格化;

(4) 设计时应采用与标准测试设备兼容的标准电路;

(5) 同型号、同功能的设备和部件应具有互换性;

(6) 飞机上对称安装的设备、部件,应设计成左右可以互换使用的;

(7) 不同工厂生产的相同型号的设备、零部件应具有互换性;

(8) 设备、零部件的改型产品应考虑与原型产品的物理互换性;

(9) 飞机上的零部件应尽可能设计成模块化;

(10) 更换模块后应不需要进行调整,若必须调整时,应简便易行;

(11) 模块本身应具有较高的故障自检和隔离能力;

(12) 模块的尺寸与质量应考虑便于拆装、携带或搬运;

(13) 设计时应尽量减少相邻模块间的连接。

#### 3.4.1.3　分析方法

1. 互换性分析方法

互换性设计是维修人为因素中重要的组成部分,在商用飞机设计过程中,是

否需要开展互换性设计,具体判断流程为系统设备互换性设计流程(如图 3 -
12)和结构件互换性设计流程(如图 3 - 13)所示。

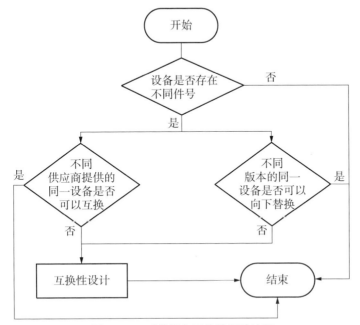

图 3 - 12　系统设备互换性设计流程

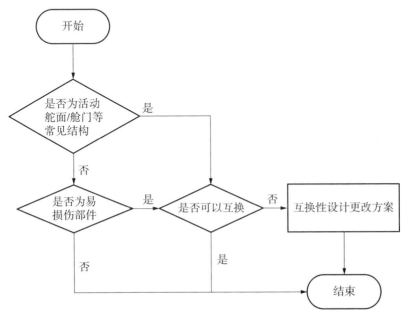

图 3 - 13　结构件互换性设计流程

2. 维修标准化分析方法

分析方法：根据设计准则，细化制定维修标准化设计分析检查单，例如表 3 - 9 所示。

表 3 - 9　维修标准化分析检查单(例)

| 序号 | 检查内容 | 符合情况 | | | 解释说明 |
| --- | --- | --- | --- | --- | --- |
| | | 符合 | 不符合 | 不适用 | |
| 1 | 应包含通用产品、材料、工艺过程的所有原始资料。 | | | | |
| 2 | 设计资料中与维修有关的尺寸、螺纹、规格、气、液压力等采用过的是标准计量单位。 | | | | |
| 3 | 采用的制造工艺技术是通用的而非专用的。 | | | | |
| 4 | …… | | | | |

### 3.4.1.4　商用飞机地面服务接头通用性

1. 概述

在飞机的内外均布置有系统服务接口，地勤机务人员通过服务接口对飞机系统进行相关的地勤机务服务。

2. 商用飞机地面服务车辆及接口要求

地面服务布置应合理，以确保地面服务及维护检查时易于接近，操作方便，缩短每一工种时间，增加交叉服务时间。地面服务设施配置应合理，不应互相妨碍。地面服务车辆及接口布置的通用原则有：

(1) 参照 SAE ARP4084 标准布置地面服务车辆及接口位置，兼容机场固定的地面勤务设施；

(2) 飞机过站和返航地面服务时，地面服务接口布置应确保各种车辆能同时接近服务点；

(3) 飞机外部服务接口高度布置，应尽可能使工作人员不用工作梯即可完成操作；

(4) 地面空调接口和地面高压气源接口布置，应考虑可使用旅客登机廊桥下的固定设施；

(5) 牵引车可提供地面电源服务，推荐地面电源接口布置在机身下部左侧或下零纵位置，与前起落架距离不大于 1.5 m；

(6) 确保地面饮用水接口不被机身排液污染；

（7）确保地面饮用水接口不被地面污水接口污染，地面饮用水接口应高于地面污水接口，地面饮用水接口与地面污水接口的间距应不少于 1.5 m。

地面服务接口应符合 SAE ARP4084 的要求，具体接口要求见表 3 - 10。

**表 3 - 10　飞机机场地面服务车辆接口要求**

| 机场地面服务车辆接口 | 对应车辆 | 采用标准 |
|---|---|---|
| 飞机地面电源接口 | 电源车 | ISO 461/2:1985 |
| 地面加油接口（压力加油） | 加油车 | ISO 45:1990（直径 63 mm/2.5 in） |
| 地面饮用水接口 | 清水车 | ISO 17775:2006（直径 19 mm/0.75 in） |
| 地面盥洗室接口 | 污水车 | ISO 17775:2006（直径 19 mm/0.75 in） |
| 地面空调接口 | 空调车 | ISO 1034:1973（直径 203 mm/8.0 in） |
| 地面高压气源接口 | 气源车 | ISO 2026:1974（直径 76 mm/3.0 in） |

飞机旅客主登机门与廊桥界面的接口，应符合 ISO 7718 - 1:2016 的要求。

### 3.4.2　维修工具及设备

#### 3.4.2.1　概述

地面支援设备（简称地面设备）是指在地面为飞机结构、系统、分系统和机载设备或成品在预期的环境下使用而需要的所有工具与设备。如：飞机结构、系统、机载设备的使用、维修、返修、防护、运输等所需的所有设备。通用地面设备是指能适用多种型号飞机维护、维修使用的地面支援设备（称为"C 类地面设备"）。通用地面设备一般是在市场上可直接采购到的货架成品。专用地面设备是保障某一特定机型或机型系列的地面设备。专用地面设备按照其来源，包括飞机制造商研制或提供的专用地面设备（称为"S 类地面设备"），以及由飞机系统供应商研制或提供的、保障其系统或机载设备使用和维护的专用地面设备（称为"P 类地面设备"）。

#### 3.4.2.2　维修工具及设备维修性设计准则

维修工具及设备设计准则如下：

（1）飞机上同一区域的所有螺钉应使用同一种标准维修工具；

（2）紧固件拆装应避免使用专用维修工具；

（3）维修工具的形状、尺寸应符合维修人员手的尺寸要求，以便于握持；

（4）口盖的螺钉应全机统一标准规格，用两到三种维修工具即可打开机上的所有口盖；

（5）维修设备的标识中应注明主要技术参数；

（6）如果维修设备可能危及人员安全，应设有醒目的标志、文字警告；

（7）维修工作中应优先采用通用的和多功用的维修工具及设备；

（8）维修工具及设备的构造、使用和维修应尽可能简单，操作应灵活，对维修人员的技能要求不应过高；

（9）在维修工具及设备使用过程中，应无须拆卸与该维修任务无关的零部件；

（10）应尽量减小维修工具及设备的尺寸与重量，便于存放和运输；

（11）维修工具及设备的使用环境和条件要求应与机上的设备相协调；

（12）存在静电引爆危险的维修工作，维修工具及设备应有防静电措施；

（13）随机工具及设备应坚固、可靠，结构和形状要便于使用。

### 3.4.2.3　维修工具及地面设备

维修工具及地面设备分析流程如图 3 - 14 所示：

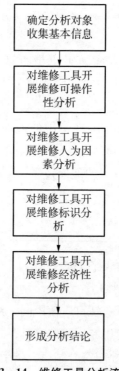

**图 3 - 14　维修工具分析流程**

1. 维修可操作性分析

维修可操作性分析是用来判断专用维修工具在维修操作时是否容易操作，对维修人员的技能要求是否过高。

2. 维修人为因素分析

维修人为因素分析包括但不限于以下内容：

（1）判断专用维修工具本身是否对操作使用人员存在安全隐患；

（2）判断专用维修工具的设计是否考虑了维修人员的人体特征、操作习惯和维修环境要求。

3. 维修标识分析

分析专用维修工具是否有必要的标识、标志、警示信息和文字说明。

4. 维修经济性分析

维修经济性分析包括以下内容：

（1）判断专用维修工具自身的耐用性、可靠性；

（2）判断专用维修工具是否容易采购；

（3）判断专用维修工具自身的保障性、保养任务是否产生过多费用要求。

### 3.4.3　维修标识

#### 3.4.3.1　概述

商用飞机维修标识分析的分析对象是对应商用飞机型号在使用和维修过程中，对检修维护人员进行通知、提示、指示和警告作用的标记。

#### 3.4.3.2　维修标识设计准则

维修标识设计准则如下：

（1）标识应便于制作、维护、更换，应选用通用性高、易采购的材料（如紧固件、涂料、胶水）。

（2）标识内容应简单明了，避免完全用符号代替文字说明，除非该符号能比文字更清晰地表达标识内容。

（3）因设备使用或操作方法的标识是提示受过专业培训的维修和操作人员，文字表达应篇幅短。图 3 - 15 为自动加油操作规程标识示意图。

（4）标识应采用国际或国内飞机上通用的图标或符号，图标选择应该简洁、鲜明、不易混淆的，应符合设备特征（如外观特征），便于理解。颜色选取应与背景形成鲜明色差，便于识别。应优先采用已经由适航当局批准的图标，图 3 - 16 为防护手套标识。

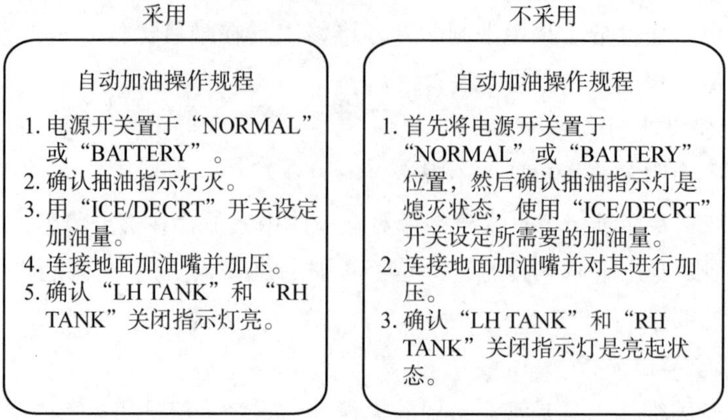

采用
自动加油操作规程
1. 电源开关置于“NORMAL”或“BATTERY”。
2. 确认抽油指示灯灭。
3. 用“ICE/DECRT”开关设定加油量。
4. 连接地面加油嘴并加压。
5. 确认“LH TANK”和“RH TANK”关闭指示灯亮。
不采用
自动加油操作规程
1. 首先将电源开关置于“NORMAL”或“BATTERY”位置，然后确认抽油指示灯是熄灭状态，使用“ICE/DECRT”开关设定所需要的加油量。
2. 连接地面加油嘴并对其进行加压。
3. 确认“LH TANK”和“RH TANK”关闭指示灯是亮起状态。

**图 3 - 15　自动加油操作规程标识示意图**

(5) 标识文字的排列应符合维修和操作人员阅读习惯。中文字符应由左至右或由上至下排列。英文、阿拉伯数字应优先采用从左至右横排，只有当标识的布置空间有限时才采用竖排，竖排应从上而下。图 3 - 17 为英文标识示意图。

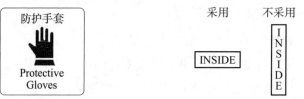

防护手套
Protective
Gloves

**图 3 - 16　防护手套标识示意图**

采用
不采用
INSIDE
I N S I D E

**图 3 - 17　英文标识示意图**

(6) 箭头标识，应选用轮廓最为清晰，易于远距离识别的箭头。图 3 - 18 为箭头标识示意图。

采用
不采用

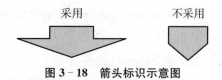

**图 3 - 18　箭头标识示意图**

(7) 零部件的标识应包含名称、件号(P/N)、序列号(S/N)等内容，便于维修和操作人员准确识别维修对象。

(8) 采用硬度较高材质(如金属、树脂等)制造的标识应倒角，避免划伤维修和操作人员。

（9）对于可能对维修和操作人员造成危害的设备，应设置醒目的标识。设备标识应明确说明危害性，不得仅以"注意""危险""警告"词汇作为标识，应简要描述危险源，如高温气体、高压电、有毒液体、有害气体、电磁或核辐射。如图 3-19 所示的标识明确了危险源的类型是高温气体。

| 采用 | 不采用 |
| --- | --- |
| 注意：有高温气体流出<br>CAUTION:HIGH HOT AIR FLOW | 危险<br>DANGER |

**图 3-19　警示标识示意图**

（10）任何有寿命限制的零部件（如起落架铰链轴和支柱）应标识零部件的序列号，应采用蚀刻、压印、金属标牌，而不采用打印或印刷形式，即使保护涂层被移除后仍能识别，用于监控其使用寿命。

（11）每一标识应布置在不容易被外物挂碰的位置。

（12）勤务口盖应进行标识，对飞机勤务工作的标识位置和内容应无须拆卸设备即清晰可见。

（13）用来区别液体和滑油的类型、容量、温度或者其他细节的标签，应永久设置在勤务点的旁边。

（14）标识应清晰可见，位置不应过高或过低。如图 3-20 所示，标识位置布置过低，不便于维修和操作人员识读。

标识位置不当

（15）对于带刻度、指针、参考线的标识，以平视角度和斜视角度识读，读数会存在偏差，标识应布置在维修和操作人员能以平视角度识读的位置。

（16）相关区域的口盖移除后，标识应能清晰可见。

**图 3-20　标识位置不当示意图**

（17）标识应在维修活动中维修和操作人员辨认距离内、振动和运行条件下、照明条件下也能正确判读。

（18）凡是需要引起维修和操作人员注意或容易发生维修差错的零部件，都应在容易看得见的位置设有明显的标识，标识上应有准确的数据和注意事项。

（19）安装在工作区域的标识应位置适当、清晰可读。如图 3-21 所示，发动机外部采用图标、文字、颜色等标识发动机工作时的危险区域。

（20）口盖上或口盖周边应说明口盖或对应设备的功能，标识应清楚可见。对于布置在口盖上的标识，当口盖处于打开位置时，标识应布置在正确的口盖表面。如图 3-22 所示，口盖关闭之前的注意事项布置在口盖内侧。

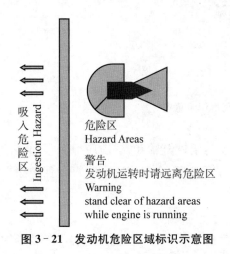

图 3-21　发动机危险区域标识示意图

图 3-22　口盖内侧标识示意图

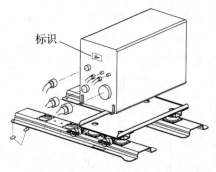

图 3-23　电子设备标识示意图

（21）对于航线可更换件，应在不拆卸口盖或设备的情况下观察到操作指导标识。图 3-23 为设备架电子设备标识，维修和操作人员打开舱门后可以正视标识内容。

（22）标识应根据使用场景、维修和操作人员的站位布置在易于观察的位置。如图 3-24 所示，当设备上方有设备遮盖时，标识应布置在垂直表面。

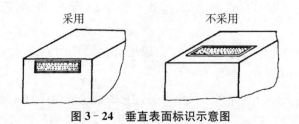

图 3-24　垂直表面标识示意图

（23）标识设计应耐久，标识文字、颜色的可读性应不易被破坏。标识设计应考虑工作环境、使用场景对标识的腐蚀、污染、损伤，减少或避免标识损坏。如图 3-25 所示，标识不应布置在被频繁触碰的滑动手柄上。

（24）标识不应布置在旋转零部件上，标识转动后不易识读。如图 3-26 所示，旋钮上的标识会因旋钮转动不易识读。

图 3-25　滑动手柄标识位置示意图

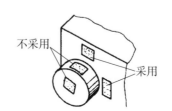

图 3-26　旋钮标识位置示意图

（25）各种标识、符号在飞机使用、存放、运输等条件下应保持清晰牢固，不易脱胶，不易被磨损、污染等。如树脂材质的标识应考虑环境温度过高导致软化、脱胶、掉色，而选择金属材质会更加牢固。

（26）同一控制板上标识的位置应统一布置，避免相邻标识之间混淆，可统一布置在控制装置的上方或下方，优先布置在上方，除非标识布置在上方不利于观察者眼部观察。图 3-27 为控制板标识示意图。

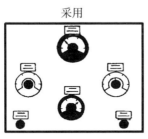

图 3-27　控制板标识位置示意图

（27）因所处位置或使用方法容易受损的部件应给出警示标识。

（28）对于有对准、对中安装要求的流体组件、管路、插头，应有对准标识，以防止被错位安装。如图 3-28 所示，在插头对中的插针处进行标识。

（29）同一设备有多个尺寸、外观相似的插头时，应对每一个插头和插孔进行防差错设计，对插头进行标识，防止错误安装，同时在手册中应明确插头的正确安装图示。如图 3-29 所示，相邻插头应进行标识区分。

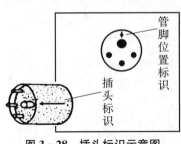

图 3‑28　插头标识示意图

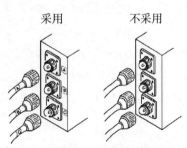

图 3‑29　相似插头标识示意图

（30）　对于有安装方向要求的设备、管路、线路,标识内容应清晰表达安装方向,标识的位置应符合维修和操作人员操作习惯。如朝上安装的电插头,应将标识"此端朝上""↑"布置在电插头的上部,不得布置在电插头的下部,否则容易误导维修和操作人员。

（31）　铰接口盖上应有"上锁"和"非上锁"位置的标识。

（32）　所有可拆卸的维修口盖、舱门及其对应的蒙皮开口应进行标识。如果是对称的,则还应分别做出"上""下""左""右""前""后"的标识。

### 3.4.3.3　分析方法

根据民机维修分区,按照区域划分收集该区域维修标识的基本信息,包括维修标识的名称、位置信息、标识内容、尺寸、备注信息。

对全机维修标识按区域逐项展开分析和检查:

（1）分析标识是否清晰可见,是否醒目;

（2）分析标识内容是否清楚简洁,是否容易阅读理解;

（3）分析标识是否指示清楚,是否符合民用航空标准;

（4）分析标识布置位置是否合理;

（5）分析标识是否考虑维修场景,是否符合维修人为因素要求。

### 3.4.4　维修测试方便性

### 3.4.4.1　概述

维修测试方便性主要指故障检测、安装测试、定检测试过程中的维修简便性,包含了测试点的可达性、测试程序的易执行性、测试设备的易操作性等方面。

维修测试方便性设计准则如下:

（1）测试点应布置在维修人员能全部看见和接触到的地方;

（2）系统、设备及组件的测试点应布置在便于接近的位置；

（3）所有测试点应便于识别和维修操作；

（4）C 检以下维修任务的测试点应设置专用口盖；

（5）系统、设备应可利用机内测试或中央维护系统进行故障的自动检测和隔离；

（6）重要的系统、设备应有故障显示、机内测试装置和故障诊断手段，以便迅速查明故障及部位，在短时间内做出正确判断；

（7）测试设备应保证其发生故障时不会导致被测试系统发生故障；

（8）设备可在系统不工作时进行测试；

（9）维修所需的测试项目和测试设备的数量和种类在设计时应减少；

（10）识别任何故障 LRU 应不需要特殊的测试设备；

（11）测试点应根据其功能或用途进行标识。

### 3.4.4.2　分析方法

商用飞机维修测试方便性分析流程包含以下步骤，具体分析流程如图 3 - 30 所示。

1）确定分析对象

商用飞机维修测试方便性分析是维修性定性分析的一个方面，其分析对象是飞机产品，包含系统设备和结构部件。根据总体设计方案、布置方案和系统设计方案，依据设备清单和相关设计信息，明确具体的维修测试方便性分析对象。

2）开展维修测试方便性分析

根据统计的维修测试方便性分析信息，通过设备及测试点布置、故障状态显示、测试项目等角度开展维修测试方便性分析，确认其相应的设计是否符合维修测试方便性设计原则。

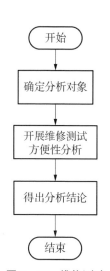

图 3 - 30　维修测试方便性分析流程

### 3.4.5　维修口盖

#### 3.4.5.1　概述

飞机上布置有形状不同、大小不一的各类口盖，口盖为维护和检修结构、系统、设备提供通道。设备舱门、整流罩、面板、门、壁板和地板上的开口、地板、天花板面板、货舱固定装饰板等都属于口盖范畴。

进行口盖设计时，应优先考虑口盖的开启频次，确定满足维护要求的开启方式。根据开启方式,选择合适的连接紧固件(快卸紧固件或螺纹紧固件)。最后再根据刚度、强度要求进行选材和详细设计。

### 3.4.5.2　口盖分类

结合《飞机系统设备定义图表要求(HB 7083—94)》《军用飞机维修性设计准则(HB 7231—95)》《飞机维修品质规范　飞机结构、系统维修品质的一般要求(GJB 321.2—87)》,口盖可以分成以下三类。

(1) A类:合页/铰链＋按钮快卸锁连接口盖;
(2) B类:承力快卸锁/快卸螺钉连接口盖;
(3) C类:标准螺钉＋托板螺母连接口盖。

### 3.4.5.3　口盖尺寸

口盖的大小和形状应根据维护对象、维护所需工具设备的体积以及机务人员的目视要求来确定。常用的口盖形状有圆形、椭圆形、圆角矩形三种,见图3-31。

圆形　　　　　椭圆形　　　　　圆角矩形

**图 3-31　典型口盖形状**

对于勤务和大部分的外部口盖,口盖打开后即可进行相应的维护工作,无须维护人员钻入,应优先考虑圆形和圆角矩形。因为外形简单、制造方便。对于结构检修口盖,综合考虑人员钻入和去除结构材料最少,推荐使用椭圆形或由2~3段圆弧组成的轮廓外形。表3-11给出椭圆形检修口盖的推荐尺寸。

**表 3-11　椭圆形检修口盖推荐尺寸**

| 口盖类型 | 长轴尺寸/mm | 短轴尺寸/mm | 维护需求 |
| --- | --- | --- | --- |
| 全尺寸口盖 | 506(19.9 in) | 265(10.5 in) | 推荐全尺寸人孔尺寸 |
| 半尺寸口盖 | 381(15 in) | 230(9 in) | 推荐半尺寸人孔尺寸 |
| 小尺寸口盖 | 250(10 in) | 150(6 in) | 手臂进入尺寸下限 |

注:全尺寸口盖的进入要求为全身或上半身进入,半尺寸口盖的进入要求为单臂和单肩进入,小尺寸口盖的进入要求为单臂进入。

### 3.4.5.4　维修口盖维修性设计准则

（1）口盖打开后应提供足够的空间使得最大的部件和适配的工具通过；

（2）口盖的开度应便于其中设备的检查和拆装；

（3）口盖处于打开位置时，不能与其他打开的舱门、口盖及飞机外部活动部件和外挂物的运动轨迹互相干扰；

（4）应根据口盖的拆卸频率选择口盖的紧固件类型；

（5）在寒冷天气下，在航线维修时需要打开的口盖（如勤务口盖），应保证机务人员在佩戴厚手套的情况下也能打开；

（6）口盖应尽量设在飞机的侧面或下部，若有向上方开启的口盖，应具有有效的措施防止异物掉入；

（7）口盖必须设置表示口盖是否盖好的明显标志或听觉、触觉指示（如口盖拧到位时必须对准位置或听到响声）；

（8）大尺寸的口盖（如 APU 舱门、风扇罩、后附件舱门等）应设计撑杆，开启时可以将口盖锁定在开位，防止口盖意外关闭对维修人员造成伤害；

（9）在有风（风速低于 50 节）的情况下，所有勤务口盖应有措施能使其保持在开位不随风晃动；

（10）口盖的开口及口盖的棱边必须倒角倒圆，口盖的周边不应有锐边或尖锐凸出物，以防在维修工作中划伤维修人员。

（11）外部口盖应设计为顺航向关闭，口盖的开向应确保在飞行过程中不会因飞行气流而撕裂飞机蒙皮；

（12）航前航后检查和勤务工作中需要打开的维修口盖，应采用快卸口盖形式，不需专用工具一个人可徒手打开。

（13）勤务口盖上应有识别标识，应说明口盖或对应设备的功能，标识应清楚可见；

（14）铰接口盖上应有"上锁"和"非上锁"位置的识别标识。

### 3.4.5.5　分析方法

口盖维修性分析主要包括以下方面：可达性分析、经济性分析、紧固件分析、连接形式分析、维修安全分析、维修便利性分析及维修标识分析。

通过维修性分析确定口盖是否满足了维修性要求，以及是否符合维修性设计准则。如在分析中发现有不满足要求之处，应对设计加以改进。口盖维修性定性分析检查表如表 3 - 12 所示。

**表 3 - 12　口盖维修性分析检查表**

| 分析类别 | 序号 | 口盖维修性定性分析问题 | 是 | 否 | 备注 |
|---|---|---|---|---|---|
| 可达性分析 | 1 | 维护口盖的开度是否有足够的空间使得最大的部件和适配的工具通过？ | | | |
| | 2 | 维护口盖的开度是否便于其中设备的检查和拆装？ | | | |
| | 3 | 口盖上的紧固件/锁扣是否便于接近？（如徒手或使用常用工具） | | | |

### 3.4.6　LRU 划分

#### 3.4.6.1　航线可维护件的特征

航线可维护件的特征主要包括以下：

（1）航空公司（原位）可维修和拆装；

（2）不包括标准件。比如航线或定检维护中拆装过程涉及用于连接的标准件；

（3）不包括采用铆接、焊接等永久性形式连接的件；

（4）部分航线可维护件可以进一步分解。某个航线可维护件（下级组件或者零件）可以是另外一个航线可维护件（上级组件）的一部分。

#### 3.4.6.2　LRU 分解

供应商件分解层级主要以航空公司执行飞机维护任务为依据，分解至全部潜在的航线可维护件。包括所有的航线可更换件及单个维修件，如密封件、轴承、继电器和接头等，在进行维修时可直接在飞机上更换这些零件；也包括那些用于装配的车间维修件。

自制件分解层级主要以航空公司执行飞机维护任务为依据，将所涉及的自制件分解至维护任务拆装需要的层级和颗粒度，组件以及与系统件相连接支架角片等零件，包括可更换的导管组件和零部件以及可以以组件形式更换的电缆组件。同时，将属于易损件的自制件也纳入分解范围。

可拆卸的安装件和组件都应分解，至少应分解到拆换率较高的易损常换件。

一般情况对于铆接件、焊接件和胶接件等死连接件不应分解，但航线确实需经常维修的还需要特殊考虑分解。

#### 3.4.6.3　航线可维护件的确定流程

确定流程如图 3 - 32 所示。

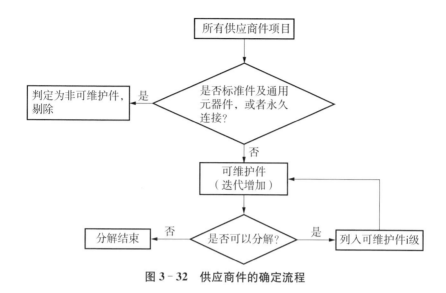

**图 3‑32　供应商件的确定流程**

### 3.4.7　LRU 航线可加载

#### 3.4.7.1　概述

航线可加载软件,又称外场可加载软件,是指不需要将系统或设备从其安装位置拆卸下来就能加载的软件或数据表。航线可加载软件的应用降低了飞机维修时间,同时提高了维修效率。航线可加载软件不同之处在于其加载手段和加载场景。它可以通过外接加载设备实现加载,也可以通过其他机载系统实现加载,如中央维护系统。航线可加载软件的加载场景比较复杂,涉及获取正确的加载软件、准备加载环境、确认加载成功、记录加载构型信息、认证加载人员资质等方面。

#### 3.4.7.2　设计准则

(1)外场可加载软件用于测试和传输数据的端口应布置在便于接近的位置;

(2)启动用户系统测试功能时应能通过机载维护系统完成;

(3)航线可加载软件应能显示必要的信息,以提示维护人员开展相应的维护工作;

(4)航线可加载软件加载时应能显示加载进度条或百分比;

(5)航线可加载软件的故障信息应便于查看和下载;

(6)维护人员应能通过机载维护系统接口上传和下载历史故障数据;

(7)航线可加载软件应能通过有线或无线的方式进行软件加载、数据更新等工作；

（8）航线可加载软件加载渠道应统一，加载工具及接口应规范化，具有良好的通用性；

（9）具备航线可加载能力的软件，应尽量作为航线可加载软件，避免退返供应商进行加载。

## 3.5　维修防差错设计与验证

### 3.5.1　维修防差错设计准则

#### 3.5.1.1　零部件

零部件防差错维修性设计准则如下：

（1）对称布置的零部件，如果功能上不能互换，应在结构、连接上采取措施，使之不会装错；

（2）同一设备上对称布置的零部件，如果功能上不能互换，应在结构、连接上采取措施，使之不会装错；

（3）需要维修人员引起注意的地方或容易发生维修差错的设备或部位，应在便于观察的位置设有维修标志、符号或说明标牌，说明标牌上应有准确的数据和注意事项；

（4）功能不同、位置相近、外形相似的零部件，应从结构上作出区别和限制，并加注明显标志。

#### 3.5.1.2　控制开关、手柄

控制开关、手柄防差错维修性设计准则如下：

（1）对安全、维修任务起关键作用的控制器、开关，应有防止程序错误执行的设计措施；

（2）控制手柄的动作方向应与受控物或指示器的方向一致；

（3）控制手柄的不连续位置上应设置定位和限位装置，防止无意触动；

（4）对于有固定操作程序的操纵装置，应有操作顺序号码和运动方向的标记。

#### 3.5.1.3　管路

管路防差错维修性设计准则如下：

（1）在通过流体的零部件或管路上应标明流体流动的方向；

（2）单向活门接头两端的管路，应采用不同的直径并有明显的方向性指示

标识；

（3）当管路接头处采用法兰盘方式进行连接时，管路两端的法兰盘应设计成不同形式，以免将管路装反；

（4）相邻间距较近的不同的液压、燃油等管路接头要有明显差异，以实现错了装不上。

#### 3.5.1.4　口盖

口盖防差错维修性设计准则如下：

（1）加油口盖应设置能表明口盖盖好的明显标志或听觉、触觉指示（如口盖拧到位时必须对准位置或听到响声）；

（2）当口盖上安装有其他设备时，应在口盖与机身表面设置明显的方向性标识，同时，口盖紧固件采用非对称布置，以便在安装错误时被及时发现；

（3）同一口盖或面板上需要使用不同材料或不同长度的螺钉时，应采用不同直径的螺钉。

#### 3.5.1.5　EWIS

EWIS 防差错维修性设计准则如下：

（1）同一分离面上功能不同的电接头，应从物理上做了区别和限制，并（或）加了明显标志；

（2）EWIS 分支电缆在布置时，应通过线缆长度、卡箍数量等措施，以保证分支电缆不会安装错误或在安装错误的情况下能被及时发现；

（3）EWIS 电缆在同一区域布置时，如果连接器相同，但输出的信号不同，应设计合适的电缆长度和卡箍数量，使其无法连接错误或在安装错误的情况下能被及时发现；

（4）EWIS 电缆对称布置时，应通过卡箍数量、线缆的标识和颜色等进行区分，如图 3-33 所示。

### 3.5.2　防差错分析要求

#### 3.5.2.1　概述

防差错设计是维修人为因素中重要的组成部分，商用飞机设计过程中，是否需要开展防差错设计，具体防差错设计流程如图 3-34 所示。

#### 3.5.2.2　防差错分析要求

通过防差错分析确保产品设计满足维修性设计要求，如在分析中发现不满足要求，应对设计进行改进与优化。防差错分析的具体内容如表 3-13 所示。

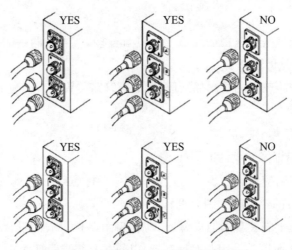

图 3‑33　相互配对的连接器插头与插座

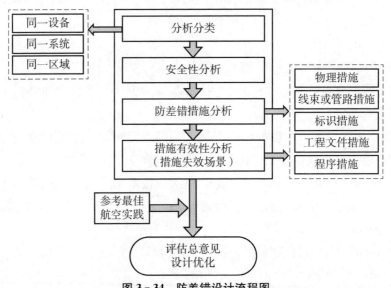

图 3‑34　防差错设计流程图

表 3‑13　防差错分析具体内容

| 序号 | 防差错分析问题 | 是 | 否 | 备注 |
|---|---|---|---|---|
| | 零部件 | | | |
| 1 | 对称布置的零部件,如果功能上不能互换,是否在结构、连接上采取了措施,使之不会装错? | | | |
| 2 | 同一设备上对称布置的零部件,如果功能上不能互换,是否在结构、连接上采取措施,使之不会装错? | | | |

（续表）

| 序号 | 防差错分析问题 | 是 | 否 | 备注 |
|---|---|---|---|---|
| 3 | 需要维修人员引起注意的地方或容易发生维修差错的设备或部位，是否都在便于观察的位置设有维修标志、符号或说明标牌，说明标牌上有无准确的数据和有关的注意事项？ | | | |
| …… | …… | | | |

**控制开关、手柄**

| | | | | |
|---|---|---|---|---|
| 1 | 对安全、维修任务起关键作用的控制器、开关（如辅助动力装置防火控制面板），是否有防止程序错误执行的设计措施？ | | | |
| 2 | 控制手柄的动作方向是否与受控物或指示器的方向一致？ | | | |
| 3 | 控制手柄的不连续位置上是否设置了定位和限位装置，防止无意触动？ | | | |
| …… | …… | | | |

**管路**

| | | | | |
|---|---|---|---|---|
| 1 | 在通过流体的零部件或管路上是否标明流体流动的方向？ | | | |
| 2 | 单向活门接头两端是否采用不同的直径并有明显的方向性指示标识？ | | | |
| 3 | 当管路接头处采用法兰盘方式进行连接时，管路两端的法兰盘是否设计成不同形式，以免将管路装反？ | | | |
| …… | …… | | | |

**口盖**

| | | | | |
|---|---|---|---|---|
| 1 | 加油口盖是否设置了表示口盖盖好的明显标志或听觉、触觉指示（如口盖拧到位时必须对准位置或听到响声）？ | | | |
| 2 | 当口盖上安装有其他设备时，口盖与机身表面是否设置明显的方向性标识，同时，口盖紧固件采用非对称布置，以便在安装错误时被及时发现？ | | | |
| …… | …… | | | |

**EWIS**

| | | | | |
|---|---|---|---|---|
| 1 | EWIS 电缆对称布置时，是否通过卡箍数量、线缆的标识和颜色等进行区分？ | | | |
| 2 | 同一分离面上功能不同的电接头，是否从物理上做了区别和限制，并（或）加了明显标志？ | | | |
| 3 | EWIS 电缆在同一区域布置时，如果连接器相同，但输出的信号不同，是否设计了合适的电缆长度和卡箍数量，使其无法连接错误或在安装错误的情况下能被及时发现？ | | | |
| …… | …… | | | |

　　在回答防差错分析问题时，如果回答为“是”，需说明具体的设计方案；如果回答为“否”，需开展设计优化与改进工作或说明无法优化的理由；如果不适用，需在“备注”栏中标明“不适用”。

# 第4章 商用飞机维修人为因素审定

## 4.1 概述

中国民用航空规章第25部《运输类飞机适航标准(CCAR-25)》是用于颁发和改动运输类飞机型号合格证的适航标准。其中,大量的全机级和系统级的适航条款与维修人为因素相关,这些条款在适航审定过程中均需要作为维修人为因素条款加以识别并开展符合性工作。维修人为因素相关条款将在本章内容中重点介绍,主要包含背景和历史演变、条款解读及符合性验证方法等。其中,条款解读以 CCAR-25 部为对象,历史演变简介以修订次数更多的 FAR 25 部为对象,以帮助读者理解修订的初衷。

### 4.1.1 维修可达性相关条款

维修可达性相关条款如表4-1所示。

表4-1 维修可达性相关条款汇总表

| 序号 | 条款/要求 | 标题 |
|---|---|---|
| 1 | 第25.611条 | 可达性措施(a)(b) |
| 2 | 第25.735条 | 刹车(d) |
| 3 | 第25.901条 | 安装(a)(1)(2)(3)(b)(3)(d) |
| 4 | 第25.963条 | 燃油箱:总则(c) |
| 5 | 第25.971条 | 燃油箱沉淀槽(a)(c)(1) |
| 6 | 第25.977条 | 燃油箱出口(e) |
| 7 | 第25.997条 | 燃油滤网或燃油滤(a) |
| 8 | 第25.999条 | 燃油系统放液嘴(b)(3)(i) |
| 9 | 第25.1021条 | 滑油系统放油嘴(a) |
| 10 | 第25.1101条 | 汽化器空气预热器的设计(b)(c) |
| 11 | 第25.1719条 | 可达性规定:EWIS |
| 12 | M25.3 | 可靠性指示和维修可达(b) |

### 4.1.2　维修差错相关条款

维修差错相关条款如表 4－2 所示。

**表 4－2　维修差错相关条款汇总表**

| 序号 | 条款/要求 | 标题 |
| --- | --- | --- |
| 1 | 第 25.671 条 | (操作系统)总则(b) |
| 2 | 第 25.783 条 | 机身舱门(a)(3) |

### 4.1.3　维修安全相关条款

维修安全相关条款如表 4－3 所示。

**表 4－3　维修安全相关条款汇总表**

| 序号 | 条款/要求 | 标题 |
| --- | --- | --- |
| 1 | 第 25.783 条 | 机身舱门(e)(1)(2) |
| 2 | 第 25.863 条 | 可燃液体的防火(d) |
| 3 | 第 25.869 条 | 系统防火(c) |
| 4 | 第 25.899 条 | 电搭接和防静电保护(a)(1)(2)(3)(b)(2) |
| 5 | 第 25.971 条 | 燃油箱沉淀槽(c)(2) |
| 6 | 第 25.999 条 | 燃油系统放液嘴(b)(1) |
| 7 | 第 25.1161 条 | 应急放油系统的操纵器件 |
| 8 | 第 25.1360 条 | 预防伤害(a) |
| 9 | 第 25.1721 条 | EWIS 的保护(b) |

### 4.1.4　维修简便相关条款

维修简便相关条款如表 4－4 所示。

**表 4－4　维修简便相关条款汇总表**

| 序号 | 条款/要求 | 标题 |
| --- | --- | --- |
| 1 | 第 25.783 条 | 机身舱门(f) |
| 2 | 第 25.971 条 | 燃油箱沉淀槽(c)(3) |
| 3 | 第 25.999 条 | 燃油系统放液嘴(b)(2) |
| 4 | 第 25.1021 条 | 滑油系统放油嘴(b) |
| 5 | 第 25.1199 条 | 灭火瓶(c) |

（续表）

| 序号 | 条款/要求 | 标题 |
|---|---|---|
| 6 | 第25.1321条 | 布局和可见度(e) |
| 7 | 第25.1435条 | 液压系统(b)(5) |
| 8 | 第25.1529条 | 持续适航文件 |
| 9 | 第25.1541条 | (标记和标牌)总则(a)(b) |
| 10 | 第25.1557条 | 其它标记和标牌(b)(1)(2)(3) |
| 11 | 第25.1561条 | 安全设备(b)(c) |
| 12 | 第25.1711条 | 部件识别:EWIS(a)(b)(1)(2)(c)(e) |
| 13 | 第25.1729条 | 持续适航文件:EWIS |

## 4.2　维修人为因素相关条款解读与修订历史

### 4.2.1　维修可达相关条款

#### 4.2.1.1　第25.611条　可达性措施

1. 条款原文

**第25.611条　可达性措施**

（a）必须具有措施,使能进行为持续适航所必需的检查(包括检查主要结构元件和操纵系统)、更换正常需要更换的零件、调整和润滑。每一项目的检查方法对于该项目的检查间隔时间必须是切实可行的。如果表明无损检查是有效的并在第25.1529条要求的维护手册中规定有检查程序,则在无法进行直接目视检查的部位可以借助无损检查手段来检查结构元件。

（b）EWIS必须满足25.1719条的可达性要求。

2. 背景和历史演变

1) Amdt. 25-0 的修订情况

飞机的持续安全运行依赖于评估关键系统和结构并在必要时进行更换或修理的能力,此条款的目的是使更换需要更换的零件和检查关键结构成为可能。FAR §25.611源自美国民用航空条例(Civil Aviation Regulation,CAR)4b.305,后经Amdt. 25-23和Amdt. 25-123进行了两次修订(见表4-5)。

#### 表 4 - 5　§ 25.611 条款相关修正案

| 序号 | 条款号 | 标题 | 修正案号 | 生效日期 | 当前版本 |
|---|---|---|---|---|---|
| 1 | § 25.611 | Inspection provisions. | Amdt. 25 - 0 | 02/01/1965 | |
| 2 | § 25.611 | Accessibility provisions. | Amdt. 25 - 23 | 05/08/1970 | |
| 3 | § 25.611 | Accessibility provisions. | Amdt. 25 - 123 | 12/10/2007 | √ |

1965 年 2 月 1 日生效的 Amdt. 25 - 0,将原 CAR 4b. 305 "Inspection provisions"演变为 FAR 25.611,为了避免与当时新发布的 43 部和 91 部里的定期检查(periodic inspection)在含义上可能产生的冲突,FAR 25.611 把 CAR 4b. 305 中意为覆盖所有固定检查间隔的定期检查(periodic inspection)改为重复检查(recurring inspection)。

2) Amdt. 25 - 23 的修订情况

修订之前条款要求必须有措施能对需要重复检查、调节或润滑的每个零组件进行近距离的检查,然而条款没有清楚表达出需要为主要结构元件提供检查通路的意图。当时服役经验已经表明有必要为检查提供足够的通路并且颁发了相应的适航指令(AC),要求改装运输类飞机为检查提供足够的通道。另外,由于当时 § 25.611 条款只要求有允许检查的措施,而这些措施在尺寸或其他方面的不完善会影响必要维护中的零组件修理和更换,因此有必要修订此条款,要求为持续适航所必需的检查和维护提供可达性。

在对拟议规则制订通知 NPRM 68 - 18 的修订建议评论中,有人指出应该在条文中清楚地说明检查不要局限于目视检查,无损检查手段也应该是允许的,可达性的定义应再明确些。FAA 对此的回应意见称此条款修订的意图是要求有足够的措施(主要是接近通道)确保能切实可行地进行必要的检查。另外,为检查某个具体的被检查项目提供的措施或通道对于该项目所要求的检查间隔而言应是切实可行的,对于一个完整的检查大纲而言,为直接目视检查关键结构提供方便的通道是必要的。在不能目视检查的部位使用诸如 X 射线、涡流、超声等无损检查手段是可接受的,这些无损检查手段需要制定足够的程序,表明无损检查是有效的。FAA 对 NPRM 68 - 18 中的修订建议进行了更改,加入了允许使用无损检查手段的要求。

Amdt. 25 - 23 修订之后的 § 25.611 条款内容即为当前版本的 § 25.611 (a)的内容:

"必须具有措施,使能进行为持续适航所必需的检查(包括检查主要结构元件和操纵系统)、更换正常需要更换的零件、调整和润滑。每一项目的检查方法对于该项目的检查间隔时间必须是切实可行的。如果表明无损检查是有效的并在§25.1529条要求的维护手册中规定有检查程序,则在无法进行直接目视检查的部位可以借助无损检查手段来检查结构元件。"

3) Amdt. 25-123 的修订情况

Amdt. 25-123 增加了关于 EWIS 的 H 分部,对原来 D 分部中适用于 EWIS 的总则性条款作相应的修订,作为对 H 分部的支持。

Amdt. 25-123 将§25.611 原条款要求纳入(a)款,并在§25.611 中增加了(b)款,将对 EWIS 的可达性指引到§25.1719,要求电气线路互联系统(EWIS)的可达性应满足§25.1719 条的要求。

Amdt. 25-123 修订之后的§25.611 条款内容即当前版本。

§25.611(b)的背景和历史演变参考§25.1719。

3. 条款解读

1) 第 25.611(a)条解读

**条款解读 1**

对第 25.611(a)条第一句话"必须具有措施,使能进行为持续适航所必需的检查(包括检查主要结构元件和操纵系统)、更换正常需要更换的零件、调整和润滑。"的解读如下:

为了使飞机在使用过程中保持其固有的安全性水平,需要对飞机的重要结构部位和重要系统、设备进行必要的维护,包括以下工作。

(1) 检查。主要结构元件和操纵系统若失效可能会给飞机带来灾难性的后果,需对其进行必要的检查。对结构的检查方式包括:一般目视检查、详细检查和特殊详细检查。对系统的检查方式包括:一般目视检查、详细检查、操作检查和功能检查等。各结构和系统具体采用哪种检查方式及对应的检查间隔、维修口盖等参考飞机维修大纲。

(2) 更换。对需要更换的零组件进行拆卸和安装,包括:按照维修大纲定期进行的计划性恢复、报废任务;对计划检查任务中发现的故障或非计划的临时故障导致的零组件进行更换。

(3) 调整。通过操作检查和功能检查任务对零组件等进行调整,或当零组件安装完成后按需进行必要的调整。

（4）润滑。飞机的润滑任务一般为计划维修任务，常用润滑方式有：注油、手涂、刷涂和喷涂，对应的润滑工具有油壶、注油枪、手（可使用棉布或佩戴橡胶手套）、油刷和喷雾罐。

本条款要求的可达性措施是为了使这些维护工作切实可行，需要在设计时为维护对象提供所需的维护通道和足够的操作空间。

**条款解读 2**

对第 25.611(a)条第二句话"每一项目的检查方法对于该项目的检查间隔时间必须是切实可行的。"的解读如下：

检查项目的维修通道等可达性措施应与其检查间隔和检查方法相匹配，举例如表 4-6 所示。

**表 4-6　可达性措施与检查间隔时间匹配关系**

| 检查间隔时间 | 非切实可行的可达性措施 | 切实可行的可达性措施 |
| --- | --- | --- |
| 检查间隔时间较短，即检查频繁的项目（C 检以下） | 与周围永久性连接的口盖 | 快卸口盖 |
| | 需要拆卸大量周围零组件或设备才能提供通道 | 项目的开敞性很好，从内或外部能容易地接近被检查项目 |

**条款解读 3**

对第 25.611(a)条第三句话"如果表明无损检查是有效的并在第 25.1529条要求的维护手册中规定有检查程序，则在无法进行直接目视检查的部位可以借助无损检查手段来检查结构元件。"的解读如下：

若结构元件无法直接目视检查（如结构被遮挡或结构内无法接近），或其可能存在的裂纹、腐蚀或疲劳损伤等无法直接看到，但采用 X 射线、涡流、超声、渗透等无损检查手段能够检查出结构的损伤，则认为无损检查是有效的，同时若制定了足够的无损检查程序并记入第 25.1529 条要求的维护手册中，则认为该结构元件满足可达性要求。

2）第 25.611(b)条解读

第 25.611(b)条的解读参考第 25.1719 条。

4. 符合性验证方法与材料

首先，第 25.611(a)条要求"必须具有措施，使能进行为持续适航所必需的检查（包括检查主要结构元件和操纵系统）、更换正常需要更换的零件、调整和润滑"，对该要求的符合性可通过如下方法表明：

（1）说明性文件（MC1），包括维修性的需求定义和传递文件，以及需求被落实的证据文件。

（2）分析（MC2）的方法，如维修性定性、定量分析，区域维修性分析等，表明维修性设计满足要求。

（3）采用机上检查（MC7）的方法，来验证为持续适航所必需的检查、更换、勤务等维修工作。

其次，本条款要求"每一项目的检查方法对于该项目的检查间隔时间必须是切实可行的"，对该要求的符合性方法可以采用：

（1）采用 MC1 的方法，如维修大纲（MRB）等；

（2）采用 MC7 的方法。

最后，本条款要求"如果表明无损检查是有效的并在第 25.1529 条要求的维护手册中规定有检查程序，则在无法进行直接目视检查的部位可以借助无损检查手段来检查结构元件"，对该要求的符合性方法可以采用：

（1）采用 MC1 的方法，如维修计划文件（MPD）、飞机维修手册（AMM）、结构维修手册（SRM）等；

（2）采用 MC2 的方法；

（3）采用 MC7 的方法。

第 25.611(a)条需采用的符合性验证方法和需提交的符合性验证材料如表4-7 所示。

表 4-7　第 25.611(a)条符合性验证方法与材料

| 条款 | 符合性验证方法 | 验证说明 | 符合性验证材料 | 备注 |
|---|---|---|---|---|
| 第25.611(a)条 | MC1 | 通过对"预期功能"和"运行和环境条件"进行明确的定义和描述，并采用文件说明、计算分析、航空器检查等多种方式来验证飞机在规定的运行和环境条件下能实现预期的功能 | 飞机级维修性需求<br>维修性分析方法与要求<br>维修性验证方法与要求<br>维修性审查问题处理方法与流程 | |
| | MC2 | | 初步设计阶段飞机级维修性分析报告<br>初步设计阶段××系统维修性分析报告<br>详细设计阶段飞机级维修性分析报告<br>详细设计阶段××系统维修性分析报告<br>试飞阶段飞机级维修性分析报告<br>试飞阶段××系统维修性分析报告<br>初步设计阶段区域维修性分析报告 | |

（续表）

| 条款 | 符合性验证方法 | 验证说明 | 符合性验证材料 | 备注 |
|---|---|---|---|---|
| | | | 详细设计阶段区域维修性分析报告<br>试飞阶段区域维修性分析报告<br>初步设计阶段结构维修性分析报告<br>详细设计阶段结构维修性分析报告<br>试飞阶段结构维修性分析报告 | |
| | MC7 | | 飞机级维修性验证报告<br>××系统维修性验证报告<br>结构维修性验证报告 | |

### 4.2.1.2　第25.735条　刹车

1. 条款原文

**第25.735条　刹车**

（d）**停留刹车**　飞机必须有停机刹车装置,当一台发动机为最大推力同时其他任何或其他全部发动机为直到最大慢车推力的最不利组合时,打开停留刹车装置后,无须进一步关注就可以防止飞机在干燥的带铺面的水平跑道上滚动。该装置必须放在适当的位置或充分保证避免误操作。当停机刹车没有完全释放时,驾驶舱中必须有指示。

2. 背景和历史演变

1965 年 2 月,FAR 25 替代 CAR 4b。对于刹车和刹车系统,CAR 4b. 337(a)(1),4b. 337(a)(2)(3),4b. 337(b),4b. 337(c),4b. 337(d),4b. 335(c)和4b. 335(d)分别变成了 FAR §25.735(a),§25.735(b),§25.735(c),§25.735(d),§25.735(e),§25.735(f)和§25.735(g)。到目前为止,§25.735 条款已经过了 5 次修订(见表 4-8)。

表 4-8　§25.735 条款相关修正案

| 序号 | 条款号 | 标题 | 修正案号 | 生效日期 | 当前版本 |
|---|---|---|---|---|---|
| 1 | §25.735 | Brakes. | Amdt. 25-0 | 02/01/1965 | |
| 2 | §25.735 | Brakes. | Amdt. 25-23 | 05/08/1970 | |
| 3 | §25.735 | Brakes. | Amdt. 25-48 | 12/31/1979 | |

（续表）

| 序号 | 条款号 | 标题 | 修正案号 | 生效日期 | 当前版本 |
|---|---|---|---|---|---|
| 4 | §25.735 | Brakes. | Amdt. 25-72 | 08/20/1990 | |
| 5 | §25.735 | Brakes. | Amdt. 25-92 | 03/20/1998 | |
| 6 | §25.735 | Brakes. | Amdt. 25-107 | 05/24/2002 | √ |

以与欧洲的运输类飞机刹车系统适航标准一致为目的，修正案 Amdt. 25-107 修订了运输类飞机刹车系统设计和试验的适航标准。该修正案将原规章中有咨询特性的内容移至咨询通告中（如刹车动能的计算方法），增加了关于自动刹车系统、刹车磨损指示器和系统兼容性方面的规定。另对相关的技术标准指令 TSO-C135 也进行了修订。这些修订在不降低（可能会提升）现有安全水平的前提下，通过标准化适航标准中的要求、概念和流程以使公众受益。

修订涉及的条款如下：增加§25.735(i)(j)(k)；修订§25.735(b)(c)(d)(e)(f)(g)(h)，其中(g)和(h)两款内容是新增加的，原来的内容移到(f)款中。

3. 条款解读

为了缩短起飞滑跑距离，通常在起飞线上用停留刹车刹住机轮停住飞机，当发动机达到起飞功率时，解除停留刹车，飞机高速滑跑起飞。这要求停留刹车装置有足够的静刹车力矩，在所有允许的运行条件且在发动机推力最临界不对称的情况下，能阻止机轮的滚动。对停留刹车未完全释放则要求有指示，且停留刹车的操作装置应当处在不可能误操纵的位置，或有适当措施保护不会被误操纵。

4. 符合性验证方法与材料

第25.735(d)条的符合性方法建议采用说明性文件（MC1）和飞行试验（MC6）。

### 4.2.1.3 第25.901条 安装

1. 条款原文

**第25.901条 安装**

（a）就本部而言，飞机动力装置的安装包括下列部件：

（1）推进所必需的部件；

（2）与主推进装置操纵有关的部件；

（3）在正常检查或翻修的间隔期内与主推进装置安全有关的部件。

> （b）对于动力装置，必须满足下列要求：
>
> 　（3）其安装必须是可达的，以进行必要的检查和维护。
>
> （d）辅助动力装置的安装必须符合本部中适用的规定。

### 2. 背景和历史演变

FAR §25.901 源自 CAR 4b.400，规定了动力装置安装所涉及的范围及整体要求，后经 Amdt. 25‐23、Amdt. 25‐40、Amdt. 25‐46 和 Amdt. 25‐126 进行了四次修订（见表 4‐9）。

**表 4‐9　§25.901 条款相关修正案**

| 序号 | 条款号 | 标题 | 修正案号 | 生效日期 | 当前版本 |
|------|--------|------|----------|----------|----------|
| 1 | §25.901 | Installation. | Amdt. 25‐0 | 02/01/1965 | |
| 2 | §25.901 | Installation. | Amdt. 25‐23 | 05/08/1970 | |
| 3 | §25.901 | Installation. | Amdt. 25‐40 | 05/02/1977 | |
| 4 | §25.901 | Installation. | Amdt. 25‐46 | 12/01/1978 | |
| 5 | §25.901 | Installation. | Amdt. 25‐126 | 12/23/2008 | √ |

### 3. 条款解读

本条款要求的可达性措施是针对动力装置的安装做出要求。为进行持续适航维修工作中必要的检查与维护，需要在设计时为维护对象有效提供所需的维护通道和足够的操作空间。

### 4. 符合性验证方法与材料

针对动力装置和燃油系统专业，第 25.901（a）条建议采用说明性文件（MC1）方法进行符合性验证；针对惰化系统专业，第 25.901（a）条建议采用 MC1、安全分析（MC3）、航空器检查（MC7）、设备鉴定（MC9）方法进行符合性验证。

按照系统与专业划分，各系统和专业分别建议采用 MC1、MC2、MC7 等方法表明对第 25.901（b）条的符合性。

（1）可采用 MC1 方法，使用 CCAR 第 33.4 条所提供的持续适航文件以及第 33.5 条所提供的安装图等，对于 APU，可以使用 APU 安装指南、安装图纸。

（2）可采用 MC2 方法，通过虚拟仿真的方式，对各部件的可达性进行验证。

（3）可采用 MC7 的符合性方法，通过机上检查的方式，真机验证动力装置以及 APU 安装部件的可达性。

### 4.2.1.4　第25.963条　燃油箱:总则

1. 条款原文

> **第25.963条　燃油箱:总则**
>
> (c) 整体油箱必须易于进行内部检查和修理。

2. 背景和历史演变

该条款源自 CAR 4b.420,后经 Amdt. 25 - 40、Amdt. 25 - 69 和 Amdt. 25 - 139 进行了三次修订(见表 4 - 10)。

**表 4 - 10　条款相关修正案**

| 序号 | 条款号 | 标题 | 修正案号 | 生效日期 | 当前版本 |
|------|--------|------|----------|----------|----------|
| 1 | § 25.963 | Fuel tanks:general. | Amdt. 25 - 0 | 02/01/1965 | |
| 2 | § 25.963 | Fuel tanks:general. | Amdt. 25 - 40 | 05/02/1977 | |
| 4 | § 25.963 | Fuel tanks:general. | Amdt. 25 - 69 | 12/01/1978 | |
| 5 | § 25.963 | Fuel tanks:general. | Amdt. 25 - 139 | 12/01/2014 | √ |

1965 年 2 月 1 日生效的 Amdt. 25 - 0,将原 CAR 4b.420 "Fuel tanks: general"演变为 FAR § 25.963,名称上依旧是"Fuel tanks:general."本条款除了对所有燃油箱规定了共性要求外,还对软油箱、整体油箱、机身内的油箱、增压油箱分别提出了具体要求,确保在正常、失效、地面和飞行环境、外来物损伤和应急着陆条件下油箱结构的完整性。

3. 条款解读

目前基于审定方案,"整体油箱"是指将机体盒段结构(如机翼盒段)作为储存燃油用的油箱,第25.963条对整体油箱的内检查和修理提出要求。

维修计划文件(MPD)中包含机翼内结构的一般目视检查、详细目视检查和特殊详细检查,燃油系统的一般目视检查、详细目视检查、操作检查和功能检查。

结构的一般目视检查主要是对于燃油箱区域的区域检查以及结构大纲分析出的检查项目,详细目视检查和特殊详细检查针对结构大纲分析出的检查项目和结构适航限制项目分析的检查项目。因此,油箱外部应设置有检查孔或检查口盖,油箱内应设置检查通路,以便对内进行检查。

燃油系统的一般目视检查主要是针对燃油箱区域的整体区域检查,详细目视、操作检查和功能检查主要来源于系统大纲分析的检查项目、审定维修要求(CMR)分析的项目、关键设计构型(CDCCL)分析的项目等。

修理包含油箱结构的修理以及内管路和系统修理和更换工作。

根据 FAA AC 25 - 8《辅助油箱安装》第 25.963 条所提及的：应考虑油箱贯穿点的位置和布置。油箱贯穿点是所有开口的位置存在于油箱壁中，用于进入(检查或维修)、安装燃油量探头、浮子开关等，以及油箱通风、排放和燃油输送或燃油加注。辅助油箱应有足够大的检修孔，以便完成所需的检查。根据尺寸和位置，部件和线路贯穿件可用作通道/检查孔，并应评估其可接受性。

4. 符合性验证方法与材料

建议采用 MC1、MC2、MC7 等方法，表明对第 25.963(c)条的符合性。

(1) MC1 可采用图纸以及油箱口盖及肋上过人孔的尺寸和布置情况等说明性文件表明整体油箱有设施便于进行内检查和修理。

(2) MC2 可以通过虚拟仿真分析以及维修性分析的方式，对整体油箱的可达性进行分析。

(3) MC7 则是采用机上检查的方式，在飞机维修过程中检查验证整体油箱的可达性以及是否易于维修。

### 4.2.1.5　第 25.971 条　燃油箱沉淀槽

1. 条款原文

**第 25.971 条　燃油箱沉淀槽**

(a) 每个燃油箱均必须有沉淀槽，其有效容积在正常地面姿态时不小于油箱容积的 0.10% 或 0.24 升(1/16 美加仑)(两者中取大值)，除非所制定的使用限制保证在服役中积水不会超过沉淀槽的容积。

(c) 每个燃油箱沉淀槽均必须具有符合下列要求的可接近的放液嘴：

(1) 在地面上可以完全放出沉淀槽内的液体。

2. 背景和历史演变

FAR §25.971 源自 1953 年 12 月 31 日的 CAR 4b.424。1964 年 12 月 24 日《联邦注册报》发布修正案 25 - AD(29 FR 18289)，在联邦航空条例中增加 FAR 25 部，替代了 CAR 4b 部(之前替代了 CAR 4a 部)。该 FAR 25 部为 1961 年 11 月 15 日(26 FR 10698)出版的 FAA 61 - 25 中的条例重编的一部分，并于 1964 年 6 月 2 日作为立法提案通告出版(29 FR 7169)，发行号 No. 64 - 28。该条款由 CAR

4b. 424 重编而来，内容没有任何实质性变化，而且迄今内容没有变化（见表 4 - 11）。

**表 4 - 11　§ 25. 971 条款相关修正案**

| 序号 | 条款号 | 标题 | 修正案号 | 生效日期 | 当前版本 |
|------|--------|------|----------|----------|----------|
| 1 | § 25. 971 | Fuel tank sump. | Amdt. 25 - 0 | 02/01/1965 | √ |

3. 条款解读

每个油箱都应有单独的沉淀槽和单独的可接近的放沉淀嘴。每个油箱内部的水分和杂质可以通过沉淀槽收集并排出。

4. 符合性验证方法与材料

第 25. 971(a)(c)(1) 条的符合性方法建议采用 MC1、地面试验（MC5）和 MC9 方法。

### 4.2.1.6　第 25.977 条　燃油箱出油口

1. 条款原文

> **第 25.977 条　燃油箱出油口**
>
> （e）每个指形滤网必须便于检查和清洗。

2. 背景和历史演变

FAR § 25. 977 源自 CAR 4b. 427，后经 Amdt. 25 - 11、Amdt. 25 - 15 和 Amdt. 25 - 36 进行了三次修订（见表 4 - 12）。

**表 4 - 12　条款相关修正案**

| 序号 | 条款号 | 标题 | 修正案号 | 生效日期 | 当前版本 |
|------|--------|------|----------|----------|----------|
| 1 | § 25. 977 | Fuel tank outlet. | Amdt. 25 - 0 | 02/01/1965 | |
| 2 | § 25. 977 | Fuel tank outlet. | Amdt. 25 - 11 | 06/04/1967 | |
| 3 | § 25. 977 | Fuel tank outlet. | Amdt. 25 - 15 | 10/24/1967 | |
| 4 | § 25. 977 | Fuel tank outlet. | Amdt. 25 - 36 | 10/31/1974 | √ |

1965 年 2 月 1 日生效的 Amdt. 25 - 0，将原 CAR 4b. 427"Fuel tank outlet."演变为 FAR § 25. 977，名称没变。该条款目的是确保燃油系统中结冰或燃油箱中杂质不会导致燃油流量受阻或受限制，或造成燃油系统其他部件

损坏。

### 3. 条款解读

本条款要求涡轮燃料系统中的燃料箱出口过滤器网孔足够细,以防止任何可能限制燃料流动或损坏任何燃料系统部件的物体通过,并要求在涡轮燃料系统中提供替代装置,以在主过滤器可能被冰堵塞时提供不间断的燃料流,并要求该替代装置提供的燃油系统部件保护水平与主过滤器提供的水平相同。

使用燃油箱出口滤网的一个目的是防止尺寸足以损坏或堵塞部件的碎屑侵入水箱出口下游。这种类型的燃油过滤器应用于辅助油箱系统的燃油箱出口,辅助油箱系统通过机械泵输送燃油或装有重力式燃油滤清器,其中可能有碎屑无意中进入油箱。

燃油箱出口或者燃油泵进口如果使用指形滤网,则滤网应可以进行目视检查,以判断滤网是否堵塞,如果滤网堵塞,则应可以进行清洗,一般清洗工作在拆卸后进行。

### 4. 符合性验证方法与材料

本条款要求"每个指形滤网必须便于检查和清洗。"推荐的符合性验证方法为 MC1(燃油系统安装和设计)、MC2(维修性分析和虚拟仿真分析)和 MC7(机上检查)。

(1) 可采用 MC1 的符合性方法,可采用燃油系统安装和设计等说明性文件表明燃油箱出油口中的各指形滤网便于进行内检查和修理。

(2) 可采用 MC2 的符合性方法,可以借助虚拟仿真,对燃油箱出油口各指形滤网进行维修性分析。

(3) 可采用 MC7 的符合性方法,通过机上检查的方式,在飞机上检查确认各指形滤网安装便于接近、检查、拆装和清洗是否符合条款要求。

#### 4.2.1.7　第 25.997 条　燃油滤网或燃油滤

### 1. 条款原文

---

**第 25.997 条　燃油滤网或燃油滤**

(a) 便于放液和清洗,且必须有易于拆卸的网件或滤芯;

---

### 2. 背景和历史演变

FAR §25.997 源自 CAR 4b.435,后经 Amdt. 25 - 23、Amdt. 25 - 36 和 Amdt. 25 - 57 进行了三次修订(见表 4 - 13)。

表 4-13　§25.997 条款相关修正案

| 序号 | 条款号 | 标题 | 修正案号 | 生效日期 | 当前版本 |
|------|--------|------|----------|----------|----------|
| 1 | §25.997 | Fuel strainer or filter. | Amdt. 25-0 | 02/01/1965 | |
| 2 | §25.997 | Fuel strainer or filter. | Amdt. 25-23 | 05/08/1970 | |
| 3 | §25.997 | Fuel strainer or filter. | Amdt. 25-36 | 10/31/1974 | |
| 4 | §25.997 | Fuel strainer or filter. | Amdt. 25-57 | 03/26/1984 | √ |

1) Amdt. 25-0 的修订情况

1965 年 2 月 1 日生效的 Amdt. 25-0,将原 CAR 4b. 435"Fuel strainer or filter."演变为 FAR 25.997,名称上依旧是"Fuel strainer or filter."该条款对燃油滤网或燃油滤提出了要求,包括燃油滤网或燃油滤的位置、可达性、安装、防冰和滤通能力。

2) Amdt. 25-23 的修订情况

Amdt. 25-23 修正案于 1970 年 5 月 8 日生效,其目的是改进适用于运输类飞机型号合格审定的适航要求。该次修正案基于 1968 年 8 月 22 日在《联邦注册报(33 FR 11913)》上发布的拟议规则,并作为 68-18 号通知分发。

该修正案涉及 §25.997(a)(1)部分的修改建议如下:当使用发动机驱动的容积泵时,仅在油箱出口和发动机驱动的容积泵入口之间需要燃油过滤器或过滤器。可知,该次修正案要求在燃油箱出口和发动机传动的正排量泵出口间放置油滤或滤网,且强调是在使用该泵时。

修订前的 §25.997(a)(1)要求在燃油箱和发动机燃油计量装置间放置燃油滤网或燃油滤,因此曾经发生过使用双组元泵时要求有 2 个燃油滤的情况。可是,根据使用经验所知,油滤保护进队正排量泵是必需的,此外,试验表明离心式增压泵能吸入大量的金属和非金属的外来物,并流到下游。这些的外来物将会被安装在增压泵和发动机其他部件的滤网所捕获。由于离心式增压泵并不需油滤的保护,而正排量泵需要进口保护,因此 FAA 建议要求在燃油箱出口和发动机传动的正排量泵进口间放置油滤。

3. 条款解读

本条款要求燃油滤网或燃油滤便于放液和清洗,且必须有易于拆卸的网件或滤芯。燃油滤网或燃油滤,应可以进行排放,如果堵塞,应可以进行清洗,一般清洗工作在拆卸后进行。

而油滤组件内的滤芯滤网,需要能非常方便地进行更换。

4. 符合性验证方法与材料

本条款要求燃油滤网或者燃油滤"(a)便于放液和清洗,且必须有易于拆卸的网件或滤芯",推荐的符合性验证方法为 MC1(图纸和布置情况)、MC2(维修性分析和虚拟仿真分析)和 MC7(机上检查)。

(1) 可采用 MC1 的符合性方法,可采用燃油系统设计和安装图等说明性文件说明燃油滤网便于放液和清洗,符合条款要求。

(2) 可采用 MC2 的符合性方法,通过虚拟仿真分析方式,对此燃油滤网进行维修性分析。

(3) 可采用 MC7 的符合性方法,通过机上检查的方式,在飞机上检查验证燃油滤网是否便于放液和清洗。

### 4.2.1.8　第 25.999 条　燃油系统放液嘴

1. 条款原文

**第 25.999 条　燃油系统放液嘴**

(b) 本条(a)要求的每个放液嘴必须满足下列要求:

(3) 具有满足下列要求的放液阀;

(i) 易于接近并易于打开和关闭;

2. 背景和历史演变

FAR §25.999 源自 CAR 4b.436,后经 Amdt. 25-38 进行了一次修订(见表 4-14)。

表 4-14　§25.999 条款相关修正案

| 序号 | 条款号 | 标题 | 修正案号 | 生效日期 | 当前版本 |
| --- | --- | --- | --- | --- | --- |
| 1 | §25.999 | Fuel system drains. | Amdt. 25-0 | 02/01/1965 | |
| 2 | §25.999 | Fuel system drains. | Amdt. 25-38 | 05/08/1977 | √ |

1965 年 2 月 1 日生效的 Amdt. 25-0,将原 CAR 4b.436"Fuel system drains."演变为 FAR §25.999,名称没变。

3. 条款解读

飞机和发动机应分别能通过燃油箱沉淀槽放液阀和燃油滤沉淀槽放油处排放燃油。放液阀必须易于打开和关闭。

对于符合美国军用标准 MIL - V - 25023B 或 FAA 技术标准规定 TSO - C76a 的弹簧式放液阀,阀门应安装成可目视确认阀门是否关闭的形式。

4. 符合性验证方法与材料

本条款要求燃油系统中各放液嘴需具备易于接近并易于打开和关闭的放液阀,推荐的符合性验证方法为 MC1(图纸和布置情况)、MC2(维修性分析和虚拟仿真分析)和 MC7(机上检查)。

(1) 可采用 MC1 的符合性方法,通过燃油系统设计和安装图样等说明性文件以及并且放液阀的设计和设置,表明燃油系统各放液嘴的放液阀满足条款所要求的易于接近,以及打开与关闭。

(2) 可采用 MC2 的符合性方法,通过虚拟仿真分析方式,对此燃油系统各放液嘴的放液阀进行可达性分析。

(3) 可采用 MC7 的符合性方法,通过对燃油排放系统安装的设计符合性地面检查,确认放液阀能可靠锁定在关闭位置,检查验证燃油系统各放液嘴的放液阀是否易于接近及能否正常打开与关闭。

### 4.2.1.9 第 25.1021 条 滑油系统放油嘴

1. 条款原文

> **第 25.1021 条 滑油系统放油嘴**
>
> 必须具有能使滑油系统安全排放的一个(或几个)放油嘴。每个放油嘴必须满足下列要求:
>
> (a) 是可达的;

2. 背景和历史演变

FAR §25.1021 源自 CAR 4b. 448,后经 Amdt. 25 - 57 进行了一次修订(见表 4 - 15)。

表 4 - 15　§25.1021 条款相关修正案

| 序号 | 条款号 | 标题 | 修正案号 | 生效日期 | 当前版本 |
|------|--------|------|----------|----------|----------|
| 1 | §25.1021 | Oil drains. | Amdt. 25 - 0 | 02/01/1965 | |
| 2 | §25.1021 | Oil drains. | Amdt. 25 - 57 | 03/26/1984 | √ |

1) Amdt. 25 - 0 的修订情况

1965 年 2 月 1 日生效的 Amdt. 25 - 0,将原 CAR 4b. 448"Oil drains."演变为 FAR §25.1021,名称没变。该条款对滑油系统放油嘴提出了要求。

2) Amdt. 25 - 57 的修订情况

为了进一步指导放油嘴的设计以及提高放油嘴的放油效率,该次修订针对滑油系统的放油嘴提出了两项要求,其一为手动或自动的机构应可达,其二为允许使用多个放油嘴。

1984 年 2 月 23 日生效的修正案 Amdt. 25 - 57 中的提案 29 提道:未收到对§25.1021 修正提案的反对意见,因此按提案建议所述"如有必要,允许使用多个油系统排水管,以提供更有效的排水"。所有评论者均同意更改,并按提议通过了该法规。

至于(a)部分内容,对比初始版本所述"至少有一个可接近的排放口—(a)允许整个油系统安全排放;",该次修订把原§25.1021(a)部分作为条款总体描述,并把可达性要求放到新的(a)中。

整体而言,该次修订对于§25.1021(a)条可达性内容未做实质修订,仅是文字的变动。

3. 条款解读

滑油系统放油嘴必须是可达的。

4. 符合性验证方法与材料

本条款是关于滑油系统中各放液嘴的可达性要求。推荐的符合性方法为 MC1(图纸和布置情况)、MC2(维修性分析和虚拟仿真分析)和 MC7(机上检查)。

(1) 可采用 MC1 的符合性方法,表明滑油系统各放液嘴是否可达。

(2) 可采用 MC2 的符合性方法,通过虚拟维修软件进行维修性分析及虚拟仿真的方式,对此滑油系统各放液嘴进行可达性验证。

(3) 可采用 MC7 的符合性方法,通过真机上检查验证滑油系统各放液嘴的可达性是否满足适航规章及维修大纲要求。

### 4.2.1.10　第 25.1101 条　汽化器空气预热器的设计

1. 条款原文

---

**第 25.1101 条　汽化器空气预热器的设计**

汽化器空气预热器的设计和构造必须满足下列要求:

(b) 能够检查预热器所包围的排气歧管部分;

(c) 能够检查预热器本身的临界部位。

2. 背景和历史演变

FAR §25.1101 源自 CAR 4b.462,后面没有继续修订,如表 4-16 所示。

表 4-16　§25.1101 条款相关修正案

| 序号 | 条款号 | 标题 | 修正案号 | 生效日期 | 当前版本 |
|---|---|---|---|---|---|
| 1 | §25.1101 | Carburetor air preheater design. | Amdt. 25-0 | 02/01/1965 | √ |

1965 年 2 月 1 日生效的 Amdt. 25-0,将原 CAR 4b.462"Carburetor air preheater design."演变为 FAR §25.1101,名称没变。该条款对汽化器空气预热器的设计和构造提出了要求。

3. 条款解读

第 25.1101(b)条要求的是汽化器空气预热器的设计和构造应保证能够检查排气歧管部分。

第 25.1101(c)条要求的是汽化器空气预热器的设计和构造应保证能够检查本身的临界部位。

4. 符合性验证方法与材料

本条款是关于汽化器空气预热器的设计中可维修性要求。推荐的符合性方法为 MC1、MC2 和 MC7。

(1) 可采用 MC1 方法,表明汽化器空气预热器设计的可维修性。

(2) 可采用 MC2 方法,通过维修性分析及虚拟仿真的方式,对此汽化器空气预热器进行可达性验证。

(3) 可采用 MC7 方法,通过真机上检查验证汽化器空气预热器是否能够如规章要求的正确的检查。

#### 4.2.1.11　第 25.1719 条　可达性规定:EWIS

1. 条款原文

**第 25.1719 条　可达性规定:EWIS**

任何 EWIS 部件必须可以接近,以对其进行持续适航所需的检查和更换。

2. 背景和历史演变

2007 年 12 月 10 日,FAR Admt. 25-123 号修正案对 25 部增加了 H 分

部,即有关 EWIS 的适航要求。在当时的意见征集过程中,§25.1719 曾被提议作为§25.1725 进行讨论,但最终编号为了与欧洲适航标准相协调而改变,没有发生其他的变动(见表 4-17)。

表 4-17　§25.1719 条款相关修正案

| 序号 | 条款号 | 标题 | 修正案号 | 生效日期 |
|---|---|---|---|---|
| 1 | §25.1719 | Accessibility provisions: EWIS. | Amdt. 25-123 | 12/10/2007 |

本条要求任何 EWIS 部件必须可以接近,以对其进行持续适航所需的检查和更换。

在当时的意见征集过程中,欧洲航空安全局(EASA)和空客公司认为拟议的§25.1725(现在的§25.1719)中的措辞与老龄飞机规章制定咨询委员会(Aging Transport Systems Rulemaking Advisory Committee, ATSRAC)所推荐的存在轻微的差异。ATSRAC 所推荐的条款原文为:"必须提供措施,以满足持续适航所需的对 EWIS 的检查及其部件的更换"。

而在 NPRM 中拟议的 25.1725 条原文如下:"任何 EWIS 部件必须可以接近,以对其进行持续适航所需的检查和更换"。空客声称,术语"接近"是模棱两可的。例如,"接近"一个管道的里面几乎是不可能的。与此同时,美国航空公司认为拟议的条款需要修订,因为存在众多无法"接近"电缆和导线的区域。

EASA 建议 FAA 修订条款采用 ATSRAC 建议的措辞,并声称将会在其等效要求 CS 25.1719 条中也采用 ATSRAC 建议的措辞。

FAA 最终还是决定保留原来拟议的要求措辞。值得注意的是,条款原意并非要求在所有情况下都能够人为物理接近。如果是由于物理设计而导致这种接近不可能,那么可以允许其他的检查手段,如采用遥控光学设备。但在回复美国航空公司的声明中,FAA 表示 25.1719 条确实要求任何 EWIS 部件对于持续适航所需的检查和更换都必须是可接近的。因此,对于采用 25.1719 条作为型号审定基础的飞机,将不存在无法接近 EWIS 部件的区域。FAA 已经修订了咨询材料 AC 25.1701-1A,以反映这样一种实际情况:当无法进行人为物理接近时,可批准其他类型的检查手段。其他类型的替代检查手段可以不要求物理接近。

各局方发布 25.1719 条款时间路线如图 4-1 所示。

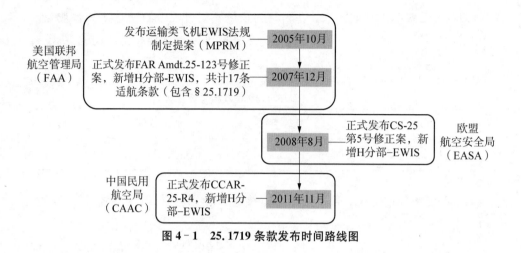

**图 4-1　25.1719 条款发布时间路线图**

### 3. 条款解读

本条款要求的可达性措施是为了确保对 EWIS 部件进行持续适航所需的检查和更换工作切实可行,需要在设计时为维护对象提供所需的维护通道和足够的操作空间。

(1) 第 25.1719 条的目的是确保 EWIS 部件的检查、测试、修理和更换在最小的飞机拆卸量下完成。以避免当接近 EWIS 部件而必须移除临近的结构和飞机系统部件时引入新的污染、摩擦和其他类型的损伤。

(2) EWIS 部件的检查、测试、修理和更换不对 EWIS 装置和周围飞机系统产生不当干扰。例如,管道内的导线可能会摩擦导管壁而造成损坏,如果管道内的线路故障会导致危险的或灾难性的情况,应提供这些导线的检查方法。与这个例子一样,飞机上还可能存在其他人员不可能进入的区域。在这些情况下,必须使用其他类型的检查技术。这些"其他"类型的检查方法可能是测试等适航部门可接受的方法,并且应包含在作为持续适航文件一部分的维修要求中。

### 4. 符合性验证方法与材料

第 25.1719 条要求"任何 EWIS 部件必须可以接近,以对其进行持续适航所需的检查和更换",对该要求的符合性可通过如下方法表明:

(1) 采用 MC1 方法来表明,此类说明性文件包括维修性的需求定义和传递文件,以及需求被落实的证据文件;

(2) 采用 MC2 方法,如维修性定性、定量分析,区域维修性分析等,表明维修性设计满足要求;

（3）采用 MC7 方法，来验证为持续适航所必需的检查、更换、勤务等维修工作。

对于第 25.1719 条，需采用的符合性方法和需提交的符合性验证材料如表 4－18 所示。

表 4－18　第 25.1719 条符合性验证方法与材料

| 条款 | 符合性验证方法 | 验证说明 | 符合性验证材料 | 备注 |
|---|---|---|---|---|
| 第 25.1719 条 | MC1 | 通过对"预期功能"和"运行和环境条件"进行明确的定义和描述，并采用文件说明、计算分析、航空器检查等多种方式来验证飞机在规定的运行和环境条件下能实现预期的功能 | 飞机级维修性需求<br>维修性分析方法与要求<br>维修性验证方法与要求<br>维修性审查问题处理方法与流程 | |
| | MC2 | | 初步设计阶段飞机级维修性分析报告<br>初步设计阶段××系统维修性分析报告<br>详细设计阶段飞机级维修性分析报告<br>详细设计阶段××系统维修性分析报告<br>试飞阶段飞机级维修性分析报告<br>试飞阶段××系统维修性分析报告<br>初步设计阶段区域维修性分析报告<br>详细设计阶段区域维修性分析报告<br>试飞阶段区域维修性分析报告<br>初步设计阶段结构维修性分析报告<br>详细设计阶段结构维修性分析报告<br>试飞阶段结构维修性分析报告 | |
| | MC7 | | 飞机级维修性验证报告<br>××系统维修性验证报告<br>结构维修性验证报告 | |

### 4.2.1.12　M25.3　可靠性指示和维修可达

1. 条款原文

**M25.3　可靠性指示和维修可达**

（b）可靠性指示对于维修人员或机组必须有充分的可达性。

2. 背景和历史演变

FAR M25.3 源自 CAR 4b.，后经修正案 Amdt. 25－145 进行了一次修订（见表 4－19）。

表 4 - 19　M25.3 条款相关修正案

| 序号 | 条款号 | 标题 | 修正案号 | 生效日期 | 当前版本 |
|---|---|---|---|---|---|
| 1 | M25.3 | Reliability indications and maintenance access. | Amdt. 25 - 0 | 07/21/2008 | |
| 2 | M25.3 | Reliability indications and maintenance access. | Amdt. 25 - 145 | 03/05/2018 | √ |

1965 年 2 月 1 日生效的 Amdt. 25 - 0,将原 CAR 4b. "Reliability indications and maintenance access."演变为 FAR M25.3,名称没变。

3. 条款解读

惰化系统(FRM)有可靠性指示措施,且可达性好。

4. 符合性验证方法与材料

可采用 MC1 方法,通过惰化系统(降低可燃性的措施)符合性说明报告,说明惰化系统有可靠性指示措施,且可达性好,提供油箱内有危险气体的标牌说明。

可采用 MC7 方法,对惰化系统指示信息(EICAS)和机载维修系统(OMS)进行检查和维修,目视检查标记或标牌要清晰,便于识别。以验证惰化系统有可靠性指示措施,且可达性好。

### 4.2.2　维修差错相关条款

#### 4.2.2.1　第 25.671 条　总则

1. 条款原文

**操纵系统**

**第 25.671 条　总则**

　　(b) 飞行操纵系统的每一元件必须在设计上采取措施,或在元件上制出明显可辨的永久性标记,使由于装配不当而导致系统功能不正常的概率减至最小。

2. 背景和历史演变

CAR 4b. 320 和 CAR 4b. 622 的内容形成了 FAR §25.671 最初内容。

表 4-20　§25.671 条款相关修正案

| 序号 | 条款号 | 标题 | 修正案号 | 生效日期 | 当前版本 |
|------|--------|------|----------|----------|----------|
| 1 | §25.671 | General. | Amdt. 25-23 | 05/08/1970 | √ |

1998 年 8 月 26 日,FAA 在《联邦注册报》上刊登通告、告知公众,FAA 委托航空立法咨询委员会(ARAC)就有关飞行控制系统协调一致任务提供建议与意见。任务内容包括对现有 FAR §25.671、25.672 672,与 JAR 25.671、25.672 规章的差异进行回顾评估,对电传操纵和主动飞控系统已制定的专用条件及政策进行回顾评估,仔细研究累计的运输类飞机服役史以确认之前对系统失效发生概率所作的假设,考虑美国国家交通安全委员会(NTSB)的所有建议,并建议新的协调一致规章,如有必要制定相关的咨询通告。ARAC 接受了该任务,并将任务分配给新成立的飞控协调工作小组(FCIIWG)。2002 年 9 月 17 日,ARAC 致信给 FAA,表明该小组已经完成任务,其研究成果主要由以下三部分组成:

(1) FCHWG 报告——25.671-操纵系统-总则;

(2) 提议的 NPRM——25.671-操纵系统-总则;

(3) 提议的 AC——25.671-操纵系统-总则。

3. 条款解读

第 25.671(b)条是确保正确装配,防止误安装的要求。操纵系统的每一元件或组件必须在设计上采取措施,特别是对称元件、相似元件、有相同臂值或臂值相近的那些摇臂,必要时采用明显可辨的永久性标记,以防止在生产或维修中发生误装配。

4. 符合性验证方法与材料

第 25.671(b)条建议采用的符合性验证方法为 MC1 和 MC7。

(1) 可采用 MC1 方法,飞控系统在设计过程中已经考虑了采取防止误装配的措施。对于所有不正确的安装就会危害飞机的设备,在设计时对于相似元件采取不同的长度、非对称设计、特殊部位设计或系统监控措施,使得元件在误装配时无法进行安装或发出告警信息。

(2) 可采用 MC7 方法,飞控系统通过机上检查确认了飞行控制模块(FCM)插头、作动器控制电子(ACE)插头、电源控制模块(PCM)插头、远程电子控制(REU)插头、作动器插头等有标识或采用不同的规格,可防止误装配。

#### 4.2.2.2　第 25.783 条　机身舱门

1. 条款原文

> **第 25.783 条　机身舱门**
>
> （a）总则　本条适用于位于机身外部不需要使用工具来开关的舱门,包括所有的门、带盖舱口、可打开的窗户、检修口盖、盖板等。本条也适用于穿过压力隔板的每一门或带盖舱口,隔板包括专门设计成在 5 部规定的失效条件下具有次级隔板功能的任何隔板。在增压和非增压飞行的状态下,这些门都必须符合本条的要求,并且必须按如下要求设计:
>
> 　　（3）每一门的操纵系统的每一元件必须设计成或者（如不可行）采用突出和永久的标记,将可能导致故障的不正确装配和调整的概率降至最小。

2. 背景和历史演变

FAR §25.783 条款源自 CAR 4b.356,后续进行了六次修订（见表 4 - 21）。

表 4 - 21　§25.783 条款相关修正案

| 序号 | 条款号 | 标题 | 修正案号 | 生效日期 | 当前版本 |
|---|---|---|---|---|---|
| 1 | §25.783 | Doors. | Amdt. 25 - 0 | 02/01/1965 | |
| 2 | §25.783 | Doors. | Amdt. 25 - 15 | 10/24/1967 | |
| 3 | §25.783 | Doors. | Amdt. 25 - 23 | 05/08/1970 | |
| 4 | §25.783 | Doors. | Amdt. 25 - 54 | 10/14/1980 | |
| 5 | §25.783 | Doors. | Amdt. 25 - 72 | 08/20/1990 | |
| 6 | §25.783 | Doors. | Amdt. 25 - 88 | 12/09/1996 | |
| 7 | §25.783 | Fuselage doors. | Amdt. 25 - 114 | 06/02/2004 | √ |

1965 年 2 月 1 日生效的 Amdt. 25 - 0,将原 CAR 4b.356 演变为 FAR §25.783,对飞机上的机身舱门提出了总体要求。

3. 条款解读

（1）为将可能导致不正确装配和调整的概率降至最低,应将舱门上的如果发生不正确装配将对舱门的功能造成不利影响的元件设计成能防止误装配的,在此"不利影响"是指会妨碍或阻止在应急情况下打开舱门或者削弱舱门保持关闭的能力。如果这样的设计是不切实际的,可采用突出和永久的标记来代替,该标记应该在服役期间清晰可辨,为此可使用持久的墨水等材料做标记,这些材料需能耐一般清洗剂、润滑油和在正常维护操作中用到的其他材料。

(2) 为将服役中舱门操纵机构可能导致不正确调整的概率降至最低,应对只在服役中使用的调整点作出清晰的标记,并在保证足够调整能力的情况下限制调整点的数量到最少。对于仅为了初始制造而设置的,在后续维护中不使用的调整点,应当在初始制造后使其成为不可调整的,或者在维护手册中将其作为不需要调整的舱门结构的一部分强调出来。

4. 符合性验证方法与材料

第 25.783(a)(3)条建议采用的符合性验证方法为 MC1、MC2、MC3、MC6 和 MC7。符合性验证方法说明如下。

(1) MC1:提供舱门的设计图纸、安装技术条件、机构运动分析报告等文件。

(2) MC2:例如,为满足有意开门和增压预防措施的要求。

(3) MC3:按照条款要求进行安全性分析,必要时进行舱门的可靠性试验。

(4) MC6:为验证舱门结构和机构功能有效性。

(5) MC7:为检验舱门机构和功能,需要进行机上检查。

### 4.2.3　维修安全相关条款

#### 4.2.3.1　第 25.783 条　机身舱门

1. 条款原文

---

**第 25.783 条　机身舱门**

(e) 警告、戒备和提示指示必须给门提供下列指示:

(1) 必须有明确的措施,在每个舱门操作人员的位置处给出指示,所有要求的关闭、锁闩和锁定门的操作都已经完成。

(2) 对于如果未锁闩则可能有危害的任何门,必须有明确的、从每一操作人员位置都清晰可见的措施,指示该门是否没有完全关闭、锁闩或锁定。

---

2. 背景和历史演变

FAR §25.783 源自 CAR 4b.356,后续进行了六次修订(见表 4-22)。

表 4 - 22　　§ 25. 783 条款相关修正案

| 序号 | 条款号 | 标题 | 修正案号 | 生效日期 | 当前版本 |
|------|--------|------|----------|----------|----------|
| 1 | § 25. 783 | Doors. | Amdt. 25 - 0 | 02/01/1965 | |
| 2 | § 25. 783 | Doors. | Amdt. 25 - 15 | 10/24/1967 | |
| 3 | § 25. 783 | Doors. | Amdt. 25 - 23 | 05/08/1970 | |
| 4 | § 25. 783 | Doors. | Amdt. 25 - 54 | 10/14/1980 | |
| 5 | § 25. 783 | Doors. | Amdt. 25 - 72 | 08/20/1990 | |
| 6 | § 25. 783 | Doors. | Amdt. 25 - 88 | 12/09/1996 | |
| 7 | § 25. 783 | Doors. | Amdt. 25 - 114 | 06/02/2004 | √ |

1) Amdt. 25 - 0 的修订情况

该条是从 CAR 4b. 356 继承过来的。继承过来的要求主要有：每扇外部舱门必须有措施锁定并保险，以防止飞行中打开（被人无意中打开或是由于机构失效）；每扇外部舱门必须能合理地避免在轻度坠损中因机身变形而卡住；对于初始开启运动向外的舱门必须有目视检查措施，也必须有目视指示措施告知机组人员舱门关闭、锁定的状态。

2) Amdt. 25 - 114 的修订情况

尽管之前的几次修正案显著提高了舱门的安全水平，但仍然存在一些安全问题，尤其是货舱门。操作货舱门的人员通常缺少正式培训，然而货舱门需要有顺序的操作才能正确地关闭和锁闩，如果在操作中没有完成所有动作将导致严重后果，服役历史纪录表明多起飞行中舱门打开的事故均是由没有按照顺序完成舱门的关闭、锁闩和锁定操作动作引起的，也有一些事故是由于舱门机构的错误调整或关键零件失效引起的。经验表明驾驶舱内的舱门指示系统并不可靠，存在这样的情况下，舱门系统功能正常，但不知何故飞行机组得到警告存在不安全状态。可靠的驾驶舱内舱门指示状态非常重要，因为飞行机组没有独立可行的措施来检验舱门是否安全。在一些飞机上，大的货舱门作为机体结构的一部分，必须完成关闭、上闩和上锁，否则机体结构就不能承受设计气动载荷和惯性载荷。一旦大货舱门打开且作为气动面会对飞机操纵带来很大影响，甚至会导致灾难性后果，即使飞机是在非增压阶段。在 1989 年发生了两次运输类飞机货舱门打开事故后，美国航空运输协会（ATA）启动了对舱门设计和运行相关问题的研究，在 1991 年完成该研究并将研究成果推荐给 FAA 以改进舱门的设计标准。FAA 在考虑了该推荐意见以及国家运输安全委员会（NTSB）的其他安全建议后,于 2004 年 5 月 3 日发布了 Amdt. 25 - 114 修正案。

　　历史经验表明,为了防止舱门在飞行中打开而造成危险,有必要提供多层次的保护避免发生失效、故障和人为错误。为此,修订后的 25.783 条规定了锁闩系统、锁定系统、指示系统和增压预防措施等方面的保护措施和要求。这些措施能对失效、故障和人为错误提供高度的容限。具体措施包括要求锁闩系统设计成消除试图解开锁闩的力或力矩。对于未锁闩可能有危险的舱门,必须具有独立的锁定系统。尽管如此,舱门操作人员在关闭舱门时仍然有可能犯错误,或者在关闭舱门中或关闭后发生机构失效,因此需要有独立的指示系统,当舱门没有完全关闭、锁闩和锁定时,给飞行机组发出信号。然而,指示仍然可能未显示或者未被机组注意到,为此需要一套单独的系统在舱门没有完全关闭、锁闩和锁定时能防止飞机增压到不安全水平。同时,该修正案也将其他一些要求分别转移到 § 25.807、§ 25.809、§ 25.810 和 § 25.820 中。

　　3. 条款解读

　　第 25.783(e)(1)条针对关闭舱门操作。为将未完成舱门操作的可能性降至最低,应当尽可能在一个舱门操作人员的位置处能完成所有操作。如果对一个舱门具有多个舱门操作人员位置,则应当在每个位置处提供合适的指示。本条中要求的在每个舱门操作人员位置处能指示所有要求的关闭、锁闩和锁定门的操作已经完成的明确的措施通常为最终手柄位置或指示灯。

　　第 25.783(e)(2)条针对未锁闩可能有危险的门。应当提供能直接监控舱门关闭、锁闩和锁定状态的指示,除非舱门操作人员已经得到舱门已经完全关闭、锁闩和锁定的目视指示。舱门没有完全关闭、锁闩和锁定的指示应当对于操作人员来说是明显的、明确的。通常采用通风门或指示灯。舱门锁的位置是可接受的。对于远程操纵的舱门,在舱门设计时也需要考虑这个要求。比如,舱门位置的缘故,可能从操作人员的位置难以明显确定舱门是在关闭位置还是正好在关闭位置附近。在这种情况下,可能需要提供一个措施,或者当锁闩在打开位置时能防止舱门关闭,或者能防止锁闩移动除非舱门处于关闭位置。对于那些手动操作的舱门或未关闭状态较为明显的舱门(比如打开时锁闩在锁闩位置能保持打开),为满足本条要求上述措施可能是不必要的,当锁闩伸出时能显著防止舱门关闭,此时就不需要上述措施。

　　4. 符合性验证方法与材料

　　第 25.783(e)(1)(2)条款采用的符合性方法建议采用 MC1、MC5 和 MC9 方法,表明对 25.783(e)(1)(2)条款的符合性。

### 4.2.3.2 第25.863条 可燃液体的防火

**1. 条款原文**

> **第25.863条 可燃液体的防火**
>
> (d) 凡可燃液体或蒸气有可能因液体系统渗漏而逸出的区域,必须确定其部位和范围。

**2. 背景和历史演变**

FAR § 25.863 源自 CAR 4b. 356,后续进行了两次修订(见表4-23)。

**表4-23 § 25.863 条款相关修正案**

| 序号 | 条款号 | 标题 | 修正案号 | 生效日期 | 当前版本 |
|---|---|---|---|---|---|
| 1 | § 25.863 | Flammable fluid fire protection. | Amdt. 25-0 | 02/01/1965 | |
| 2 | § 25.863 | Flammable fluid fire protection. | Amdt. 25-23 | 05/08/1970 | |
| 3 | § 25.863 | Flammable fluid fire protection. | Amdt. 25-46 | 12/01/1978 | √ |

**3. 条款解读**

第25.863(d)条规定必须确定可能溢出的可燃液体或蒸汽的部位和范围。

**4. 符合性验证方法与材料**

第25.863(d)条要求"凡可燃液体或蒸气有可能因液体系统渗漏而逸出的区域,必须确定其部位和范围。"对该要求的符合性可通过如下方法表明:

可采用 MC1 方法,通过设计图纸、技术文件、设计说明书等说明已确定可能溢出可燃液体或蒸气的部件和范围。

### 4.2.3.3 第25.869条 系统防火

**1. 条款原文**

> **第25.869条 系统防火**
>
> (c) 氧气设备和管路必须满足下述要求:
>
> (1) 不得位于任何指定火区内;
>
> (2) 必须加以防护,免受任何指定火区可能产生或逸出的热量的影响;

　　（3）其安装必须使得所漏出的氧气不致点燃正常工作时存在的和因任何系统失效或故障而聚积的油脂、油液或蒸气。

2. 背景和历史演变

FAR §25.869 源自 CAR 4b.356，后续进行了两次修订（见表 4-24）。

**表 4-24　§25.869 条款相关修正案**

| 序号 | 条款号 | 标题 | 修正案号 | 生效日期 | 当前版本 |
| --- | --- | --- | --- | --- | --- |
| 1 | §25.869 | Fire protection；systems. | Amdt. 25-72 | 08/20/1990 | |
| 2 | §25.869 | Fire protection；systems. | Amdt. 25-113 | 04/15/2004 | |
| 3 | §25.869 | Fire protection；systems. | Amdt. 25-123 | 12/10/2007 | √ |

　　1990 年 8 月 20 日生效的 Amdt. 25-72 修正案发布后，在 FAR 25 部 D 分部中增加了该条款，对运输类飞机电气系统部件相关的防火方面的条款要求进行了归纳和整理。该次修订主要是为了使条款阅读更加清楚而作的编排上的修改，将系统所有的防火要求归纳到了新增的 §25.869 条中。其中，原来的 §25.1359 成为新版里的 §25.869(a)，原来的 §25.1433(b) 和 (c) 成为新版里的 §25.869(b)，原来的 §25.1451 成为新版里的 §25.869(c)。

3. 条款解读

（1）应当设计高压氧气关断阀门以提供有效的缓慢打开和关闭，从而避免可能引发的火灾或爆炸。

（2）如果安装机上充氧系统，则应具有相应的设计措施，以防止过度充氧而可能导致的危险的系统内高温，同时，充氧系统还应该提供相应的防污染保护。

（3）在高压氧气系统组件（包括氧气源）所处的舱内，应该有足够的通风条件以保证泄漏氧气的快速稀释。同时这种舱也应对液体或其他可能导致火灾危险的物体引发的污染加以足够的防护。

（4）提供现场充氧设施的位置，其所处的舱位应该可以从飞机的外面进行接近，并且应当充分远离其他的勤务点和设备，以及诸如油脂、燃油蒸气或液压油等易燃材料，以避免着火。应在充氧勤务站点旁安装一个标牌，标牌上带有充氧时需要观察的注意事项和防范措施的充分说明。

（5）应当将氧气系统的部件和管道安装成：

① 与电气和流体系统充分分离；

② 最大限度地减少管路上的接头和急弯；

③ 与活动控制器件和其他机构分离；

④ 防止油脂或其他润滑剂污染，以及防止振动的影响。

除此之外，接头装配时应尽可能干燥，如果需要使用胶密封，则密封胶必须是被批准可用于此用途的。

（6）若氧气是由化学发生器提供的，则应考虑在正常和误操作时，安装位置处化学发生器和其他相邻设备上散热产生的影响。

（7）第 25.869(c)条适用于所有飞机操作期间的氧气设备和管路。

4. 符合性验证方法与材料

满足该条款一般可综合采用设计符合性声明、设计说明文件、计算和分析报告、机上检查等方法来表明符合性。

（1）可采用 MC1 方法：本条各款的符合性可在防火系统和其他相关系统适用的设计技术规范、设计图纸等设计说明文件中对加以具体描述；

（2）可采用 MC2 方法：可通过相应的计算和区域安全分析加以表明；

（3）采用 MC7 方法：需要时可通过相应的机上检查加以表明。

### 4.2.3.4　第 25.899 条　电搭接和防静电保护

1. 条款原文

**第 25.899 条　电搭接和防静电保护**

（a）电搭接和防静电保护的设计，必须使得造成如下危害的静电积聚最小：

（1）人员电击受伤

（2）点燃可燃蒸气，或

（3）干扰安装的电子电气设备

（b）通过如下方法，以证明符合本条(a)段的要求：

（2）采取其他可接受的方法消除静电，使其不再危及飞机、人员或其他安装的电子电气系统的正常运行。

2. 背景和历史演变

2007 年 12 月 10 日，FAR Amdt. 25 - 123 号修正案增加了该条款（见表 4 - 25）。

表 4 - 25　§ 25.899 条款相关修正案

| 序号 | 条款号 | 标题 | 修正案号 | 生效日期 | 当前版本 |
|---|---|---|---|---|---|
| 1 | § 25.899 | Electrical bonding and protection against static electricity. | Amdt. 25 - 0 | 02/01/1965 | |
| 2 | § 25.899 | Electrical bonding and protection against static electricity. | Amdt. 25 - 123 | 12/10/2007 | √ |

2005 年 10 月 6 日公布在美国《联邦注册报》中的关于 § 25.899 的意见讨论可以体现增加该条的原因。

"拟议的 § 25.899 包含了电搭接和防静电的要求。现有的 § 25.581、§ 25.954 和 § 25.1316 包含了保护飞机及其系统免受闪电影响的要求,但是现有的要求没有提到可能由静电积聚导致的危害。静电可能对人产生电击危害、点燃燃油蒸气和引起飞机系统的电磁干扰等。拟议的 § 25.899 将要求电搭接和防静电保护的设计,必须使得造成人员电击受伤、点燃可燃蒸气或干扰电子电气设备的静电积聚最小;应通过将部件对机身可靠搭接或采取其他可接受的办法消除静电。

本提议将采纳目前建议的 JAR25X899 条的一个修订版本。目前建议的 JAR25X899 条中复制了 JAR25.581 条、25.954 条和 25.1316 条中闪电防护方面的许多要求,出于协调的目的,建议的 JAR25X899 条也将被修订并且会删除那些复制的部分。

当前没有 § 25.899,这项新要求对于保证电搭接和防静电被完全表述为一个设计标准是必需的。拟议的 § 25.899 维持了与现有的条款同级别的安全水平,因为它反映和代表了当前的工业实践。拟议的修改将通过要求符合新的规章条款来影响飞机制造商。然而,这仅在实践中产生了一个微小的影响,因为当飞机制造商为其产品寻求 FAA 和 JAA 联合审定时,已经要求必须符合拟议的标准,因此,仅要求对当前已经使用的用于符合现有的建议的 JAR25X899 条的标准中做很小的改动。"

3. 条款解读

1) 防静电积聚

(1) 概述。由于静电积聚和释放可能会导致电击、点燃可燃蒸气或干扰安装的电子电气设备(如无线电通信和导航设备等)等危害,所有涉及的项目应充分地搭接到主接地系统中。

（2）间歇接触。设计应确保金属和（或）金属化部件之间的间歇接触不会发生。

（3）高压加油和燃油传输。高压加油和（或）燃油高速传输时绝对不能在燃油系统中感应出危险的高电压。应通过试验或咨询相应的油料和加油设备制造商进行确定来预防这种情况的发生。如果符合本条款需要附带任何对所用的燃油型号或添加剂的限制，那么应设定这些限制。

2）搭接通路

（1）存在以下两种搭接通路：

① 一级搭接通路是指那些需要承载闪电放电电流的通路。这些通路应尽可能地短并具有低电阻抗；

② 二级搭接通路是指那些用于提供其他搭接形式的通路。

（2）一级搭接通路应使用于下列情况：

① 将可能携带闪电放电的可分离的主要部件的主地连接到一起；

② 将发动机连接到主地上；

③ 将所有在飞机外表面上或在外表面外侧形成一个表面的所有金属部件连接到主地上；

④ 在外部非金属部件上用作导体。

3）电阻和连续性测量

应至少对下列搭接和连接之间进行测量以确定其搭接和连接的功效：

（1）一级搭接通路：

① 飞机固定部分的末端与任何固定的外部面板和部件，在这些地方，构造或组装的方法导致对搭接重复性的疑问（如可拆卸面板）；

② 发动机与飞机主地；

③ 外部可移动金属面或部件与飞机主地；

④ 外部非金属部件的搭接导体与飞机主地；

⑤ 规定一级搭接的那些部件与飞机主地。

（2）二级搭接通路：

① 正常接触可燃流体的金属部件与飞机主地（飞机主体结构或接地通路）；

② 受可观静电的隔离导体部件与飞机主地（飞机主体结构或接地通路）；

③ 飞机上乘员可触及的电气面板及其他设备与飞机主地（飞机主体结构或接地通路）；

④ 正常承载主供电的接地连接与飞机主地(飞机主体结构或接地通路)对这些连接的测试应确保它们可以承载那些适用的持续正常电流和间歇故障电流,且不会有起火、损坏搭接或过大压降等风险;

⑤ 电子电气设备与飞机主地(飞机主体结构或接地通路),在那些由飞机制造厂明确规定和其他适用的地方;

⑥ 静电放电刷与飞机主地。

4) 复合结构的电气属性

(1) 在对复合结构的闪电防护情况中,表面保护的方法将视所面对的结构的重要性而变化。应考虑保护措施的退化或可能隐含的对会影响结构完整性的材料的损伤。在考量这些材料提供电磁屏蔽措施的同时,也需要考量该材料与飞机上关键设备和线路的相对位置。同时也应特别注意燃油系统(如燃油箱)周围所需的保护。对于没有内在闪电防护和屏蔽属性的非导电材料,采取的措施将取决于该材料与重要系统或燃油的相对位置,及在雷击事件中由于内气压可能导致的部件丧失。

(2) 局部导电材料在静电消除方面应不存在问题,但非导体就会出现问题。根据材料的位置,可能需要保护。

(3) 除闪电以外的电流可以在有些局部导电材料中流通。如果大电压降的影响很重要,或者如果这种电流可能损伤材料,那么可能需要设计替代电路以限制电流。

应特别注意以确保所有的永久的或临时的接头,都能承载任何可能通过的电流,尤其是那些可能受雷击而导致的电流。如果这些不能得到充分的控制,则可能会发生结构损伤和屏蔽能力丧失。

5) 符合第 25.1715 条

第 25.1715 条要求用于电搭接和防静电保护的 EWIS 部件满足第 25.899 条的要求。

6) 持续适航文件

第 25.1529 条和第 25.1729 条所要求的持续适航文件必须包含所有必要的维修行动,以确保用于电搭接和防静电保护的部件,在飞机预期的整个服役期内,保持能够持续实现其预定功能。

4. 符合性验证方法与材料

满足该条款一般可综合采用 MC1、MC2、试验室试验(MC4)和 MC7 等方法来表明符合性。

### 4.2.3.5 第25.971条 燃油箱沉淀槽

1. 条款原文

**第25.971条 燃油箱沉淀槽**

(c) 每个燃油箱沉淀槽均必须具有符合下列要求的可接近的放液嘴:

(2) 排放液能避开飞机各个部分;

2. 背景和历史演变

FAR §25.971 由 CAR 4b.424 演变而来,内容没有任何实质性变化,而且迄今内容保持没有变化。

表4-26 §25.971条款相关修正案

| 序号 | 条款号 | 标题 | 修正案号 | 生效日期 | 当前版本 |
|------|--------|------|----------|----------|----------|
| 1 | §25.971 | Fuel tank sump. | Amdt. 25-0 | 02/01/1965 | √ |

3. 条款解读

每个油箱都应有单独的沉淀槽和单独的可接近的放沉淀嘴。

4. 符合性验证方法与材料

满足条款要求可接受的符合性方法建议包括:设计说明、地面试验和飞机检查。

可采用 MC1 方法,可通过燃油箱安装图中沉淀槽和放沉淀嘴的布置,说明沉淀槽位置和容积等可以满足本条款要求,而且放沉淀嘴处于沉淀槽最低处,便于排出沉淀槽中的水和杂质,且易于接近。

可采用 MC5 方法,通过地面试验,验证沉淀槽的布置能完全收集油箱中的水分等杂质,并可靠排出,排放液避开飞机各个部分;实际操作确认放沉淀嘴能人工或自动锁定在关闭位。

可采用 MC7 方法,通过飞机实际安装的检查,确认沉淀槽和放沉淀嘴的设置符合要求。

### 4.2.3.6 第25.999条 燃油系统放液嘴

1. 条款原文

**第25.999条 燃油系统放液嘴**

(b) 本条(a)要求的每个放液嘴必须满足下列要求:

(1) 使排放液避开飞机各个部分。

2. 背景和历史演变

1965 年 2 月 1 日,FAR 25 部发布时增加了本条款。FAR Amdt. 25-38 号修正案进行了一次修订(见表 4-27)。

表 4-27　§25.999 条款相关修正案

| 序号 | 条款号 | 标题 | 修正案号 | 生效日期 | 当前版本 |
|------|--------|------|----------|----------|----------|
| 1 | §25.999 | Fuel system drains. | Amdt. 25-0 | 02/01/1965 | |
| 2 | §25.999 | Fuel system drains. | Amdt. 25-38 | 02/01/1977 | √ |

1) Amdt. 25-0 的修订情况

FAA NPRM No.75-10 提出应考虑淤积影响并增加相关要求,并给出如下解释:目前 §25.999 未要求需具有快速作动式放油阀,同时也未对这一类型的放油阀给出合适的安装标准。事故调查发现,因燃油中含有水分杂质所导致的事故原因中,部分是由于无快速作动式放油阀所致。因此,该 NPRM 提议安装快速作动式放油阀,并对其安装给出合适的标准。

2) Amdt. 25-38 的修订情况

下面是该修正案给出的修订说明,有助于我们深入了解该条款的意图。

有几位评论者质疑 NPRM 新提议的 §25.999(b)(3)中术语"快速作动式放油阀"的含义。FAA 同意该术语会导致误解,因此在本修正案最终条款中删去了"快速作动式"一词。

另有评论者称,NPRM 所提议 §25.999(b)(3)中关于在起落架收起着陆时放油阀不得损伤的要求,不是一个合适的设计规范,因为损伤与否不是制造商所能控制的。FAA 同意原提议的条款语句"以使其不会损伤"没有正确诠释 FAA 的要求。同时 FAA 相信,只要通过对放油阀设计及其安装位置进行合理考虑,完全可以防止在机轮收起着陆中发生燃油喷溅。FAA 据此相应修订了最终条款文字以作澄清。

可接受的符合性方法包括系统说明、设计图纸和系统图的评估,同时结合符合性(模拟器)检查、燃油放油系统的功能性验证,以及机轮收起时飞机与燃油系统放油阀几何外形的分析。申请人其他型别飞机已获批准的燃油放油系统构型的相似性和服役经验可以作为表明符合性的考虑因素。申请人必须提交系统功能说明和试验大纲,内容应针对 §25.971(c)和 §25.999 中每一项系统设计要求和工况。

以下指导材料摘自 FAA AC 20-119"燃油放油阀",有助于深入了解针对该条款目前 FAA 的政策和可接受的符合性方法:

(1) 目的:本 AC 给出关于燃油放油阀确实锁定在关闭位的符合性指导信息。

(2) 背景:§23.999(b)、§25.999(b)、§27.999(b)和§29.999(b)要求,"每个排放口必须有手动或自动的机构,能确实地锁定在关闭位置"。这一要求指向所要求的放油阀。本 AC 目的是说明对于弹簧加载于关闭位的阀门是否可以看作是"确实锁定的活门"。

(3) 指导信息:对于符合 MIL-V-25023B 或 TSO-C76a,或其他等效方法的弹簧加载式燃油放油阀,其安装成阀门操作可通过目视确认阀门是否关闭即可获得批准,只要申请人表明在预期的所有工作情况下,阀门不会被无意打开。

以下指导材料摘自 FAA AC 29-2B"运输类旋翼机的合格审定",为运输类旋翼机提供了符合性指导,但也有助于我们了解针对运输类飞机的符合性方法:

§29.901(b)

(iii) 可达性。应当评估维护的可达性。一般来说,维护过程中都会涉及分解和拆除相邻部件。但对于频繁拆解可能会影响其性能的某些关键或涉及安全的部件来说,必须避免这一做法。应确认对于诸如滑油系统目视窗或油尺,发动机、辅助动力装置、传动装置、燃油箱和油滤的加油口、放油阀等部件采用了易接近方式。对于将燃油放油阀确实锁定在关闭位的相关要求,AC 20-119 提供了可接受的但不是唯一的符合性方法。对于起落架可收起的飞机,将燃油放油阀设计成安装内凹于飞机外表面可以满足要求。

3. 条款解读

飞机和发动机应分别能通过燃油箱沉淀槽放油阀和燃油滤沉淀槽放油处排放燃油。

4. 符合性验证方法与材料

满足条款要求可接受的符合性方法包括设计符合性说明、设计符合性地面检查、燃油系统地面排放试验和/或飞行排放试验。

可采用 MC1 方法,可通过燃油系统设计和安装图说明安装有燃油排放措施;并且放油阀的设计和设置,可以保证排放液避开飞机其他部分、放油阀易于打开和关闭并能可靠锁定于关闭位、可以防止在机轮收起着陆时放油阀受损导致燃油喷溅。

可采用 MC5/MC6 方法,通过燃油系统地面和/或飞行排放试验,确认放油阀能正常开启和关闭,并能可靠锁定在关闭位,而且排放液不会排到飞机其他部分。

可采用 MC7 方法，在设计符合性地面检查中，通过对燃油排放系统安装的设计符合性地面检查，确认放油阀能可靠锁定在关闭位且易于接近，而且排放液避开飞机其他部分；确认放液阀的安装位置和/或防护，足够保证在机轮收起着陆时不会导致放油阀受损发生燃油喷溅。

### 4.2.3.7　第 25.1161 条　应急放油系统的操纵器件

1. 条款原文

> **第 25.1161 条　应急放油系统的操纵器件**
>
> 　　每个应急放油系统的操纵器件必须有防止其被误动的保护罩，应急放油操纵器件不得靠近灭火瓶的控制器件或用于灭火的其他控制器件。

2. 背景和历史演变

FAR §25.1161 由 CAR4b.475 演变而来，但内容上没有任何实质性变化（见表 4 - 28）。

表 4 - 28　§25.1161 条款相关修正案

| 序号 | 条款号 | 标题 | 修正案号 | 生效日期 | 当前版本 |
|---|---|---|---|---|---|
| 1 | §25.1161 | Fuel jettisoning system controls. | Amdt. 25 - 0 | 02/01/1965 | |

3. 条款解读

每个应急放油系统的操纵器件必须设计有防止其被误动的保护罩，且在布置的时候不应与灭火瓶的控制器相邻。

4. 符合性验证方法与材料

可采用 MC1 方法，用设计图纸和其他技术资料验证对此条款的符合性。

可采用 MC7 方法，通过航空器检查，验证对此条款的符合性。

### 4.2.3.8　第 25.1360 条　预防伤害

1. 条款原文

> **第 25.1360 条　预防伤害**
>
> 　　(a) 触电　电气系统的设计，必须尽量减少下列人员触电的危险：机组人员，旅客，勤务人员和使用正常预防措施的维修人员。

## 2. 背景和历史演变

FAR §25.1360 源自 CAR 4b.424,后经修正案 Amdt. 25 - 123 进行了一次修订(见表 4 - 29)。

**表 4 - 29    §25.1360 条款相关修正案**

| 序号 | 条款号 | 标题 | 修正案号 | 生效日期 | 当前版本 |
|------|--------|------|----------|----------|----------|
| 1 | §25.1360 | Precautions against injury. | Amdt. 25 - 0 | 02/01/1965 | |
| 2 | §25.1360 | Precautions against injury. | Amdt. 25 - 123 | 12/10/2007 | √ |

2007 年 12 月 10 日生效的 Amdt. 25 - 123 修正案,修订了 FAA 有关运输类飞机的认证和运行的规定,改进了飞机电气布线系统的设计、安装和维护,并使这些要求尽可能与燃油箱系统安全要求保持一致。

鉴于 25 部没有关于防止电击和烧伤伤害的要求,同时为了与 JAR 的标准保持一致,FAA 提议增加一个新的§25.1360,关于电击和烧伤保护。将 JAR 的要求添加到 25 部以提高维修的安全性。拟议的 JAR 25X1360 及其相关的铝复合(ACJ)材料要求电气系统和设备的设计必须将机组人员、乘客、维护和维修人员在正常运行期间遭受电击和烧伤的风险降至最低。拟议的行动是通过采用 JAR 25X1360 及其全部铝复合材料来协调本条例。提议的标准对 25 部更加严格,因为它增加了新的要求和新的咨询材料。它符合当前行业惯例,因此将保持安全水平。

AIA/GAMA 和 GE 公司要求在第 2 节中使用"维护"一词。§25.1360 仅限于线路维护,FAA 从 GE 的评论中推断出其意图想要的修改是:将"维修人员"一词修改为"线路维修人员"。但 FAA 不采纳 GE 的要求,根据"使用正常的预防措施"这句话,FAA 相信该要求的意图很明确。

维修人员,无论是生产线还是车间维护,都接受过在带电电路上或周围工作时要小心谨慎的培训。§25.1360 要求设计飞机的电气系统,以便在维修人员采取正常预防措施以避免电击危险时,将电击危险降至最低。

## 3. 条款解读

(1)电压水平警告。在维修或服役期间可能存在危害的地方,带有超过 50 V 均方根电压的飞机设备应该在设备外部或面板上注明电压,通过此面板可以接近设备。

(2)电源插座标志。插座应注明输出电压和用途,例如在盥洗间设置电动剃须刀插座标志和作为电源供应系统一部分的用于便携式电子设备的插座标志。

（3）电气隔离。当输出电压超过直流 100 V 和（或）交流 50 V（均方根电压），此时输出应该与飞机结构进行电气隔离或采取某种方式阻止其与带电部件意外接触。

（4）客舱内电线和零部件的漏洞。用于便携式电子设备的电源供电系统或类似系统导线束和零部件贯穿于整个客舱，并且在某种情况下会暴露出来，各式各样危害的广泛暴露使得系统的这种潜在故障不断增加，例如座轨中的箍缩线束、乘客踩到或踢到座椅电子盒和溢出的液体。由于这些系统更容易暴露于危害中，插座对人的潜在危害也增加了。为防止伤害到电源供电系统安装在座椅自身中的导线束，座椅式线路必须有适当的保护手段。采用管道是提供这种保护的一种方式，控制着电源供电系统线路和设备的工程数据应该包含布置、支持和保护所有电源供电系统线路和设备的具体和明确的要求，并且应该明确完成这些安装所有必要的部分。

（5）用于便携式电子设备的电源供电系统对乘客的危害。在客舱内与电源供电系统相关联的电路故障或系统短路可以导致系统过载或对乘客造成火烟危害和电击危害，这种故障可能是由液体溢出或插入插座的导体引起，电源供电系统插座的安装设计应该阻止液体到达电气线路或电源插座，同时这种设计也应最大限度地减少导体插入插座的可能性，如果不能，设计者应该在适当的地方表明一种可以在这种情况下减轻危害的设计方法。这种减轻的一个例子是设计成只有当便携式电子设备的连接器与插座插头正确匹配时电压才会在电源供电设备处输出。

4. 符合性验证方法与材料

可采用 MC1 方法，飞机维修手册、飞机维修大纲、电气系统设计方案等说明性文件表明电气系统的设计是否具备预防触电的要求。

可采用 MC7 方法，采用机上检查的方式，维修过程中在飞机上检查验证是否存在安全触电的隐患并及时上报处理。

### 4.2.3.9　第 25.1721 条　EWIS 的保护

1. 条款原文

---

**第 25.1721 条　EWIS 的保护**

（b）EWIS 的设计和安装必须使其在所有飞行阶段、维护和勤务过程中，由于机内人员的移动造成 EWIS 损坏或损坏的风险降至最低。

### 2. 背景和历史演变

2007 年 12 月 10 日，FAR Amdt. 25 - 123 增加了本条款（25 部新增 H 分部有关 EWIS 的适航要求），如表 4 - 30 所示。

**表 4 - 30　　§ 25.1721 条款相关修正案**

| 序号 | 条款号 | 标题 | 修正案号 | 生效日期 | 当前版本 |
|---|---|---|---|---|---|
| 1 | § 25.1721 | Protection of EWIS. | Amdt. 25 - 0 | 02/01/1965 | |
| 2 | § 25.1721 | Protection of EWIS. | Amdt. 25 - 123 | 12/10/2007 | √ |

§ 25.1721 要求货物或行李舱不包含任何其故障将对安全操作产生不利影响的 EWIS。它还要求保护所有 EWIS 免受机组人员移动和乘客的损坏。

§ 25.1721 被提议为 § 25.1727，为了与其他适航当局的规定保持一致，对其规则编号进行了修改。没有进行其他更改。

波音公司建议修改这一规定，规定 EWIS 应受到保护，以使其"不会因车厢内货物或行李的正常移动而受损"。该公司表示，这一修改将明确相关要求。波音、GE 和 AIA/GAMA 表示，维修人员需要接受适当 EWIS 处理方面的培训。

局方认为有必要同时处理损害和损害风险问题。设计和安装必须在考虑所有设计和安装因素的情况下尽可能避免对 EWIS 造成损坏。然而，局方认识到，由于设计或安装方面的考虑，并不总是能够防止可能的损坏。EWIS 部件应足够坚固，以尽量减少与货物、行李或人员接触时可能发生的损坏。基于此结论，局方没有做任何更改。

### 3. 条款解读

第 25.1721(b) 条要求 EWIS 的设计和安装应使其在飞行、维护和维修的所有阶段中的损坏和人员移动造成的损坏风险降至最低。涉及的有关区域的一些示例包括飞行甲板、乘客舱、机组休息区、轮舱以及机翼前缘和后缘。

（1）应特别考虑通向乘客座椅和乘客座椅上的 EWIS。它应该受到保护，以便乘客不能用脚或手接触到它。

（2）乘客或飞机清洁工不应轻易接近厕所内的 EWIS。EWIS 的设计和安装应确保它不会因垃圾箱等物品的拆除和更换而受损。

（3）机舱工作人员、飞机清洁工或乘客不应轻易接近位于厨房的 EWIS。EWIS 的设计和安装应确保厨房设备（包括厨房推车）不会与它接触并造成损坏。厨房周围和厨房区域内的 EWIS 的设计和安装应确保厨房设备(如冷水机组)可以拆卸和重新安装,而不会与 EWIS 部件接触并损坏它们。

(4) 与位于行李舱和货舱的 EWIS 一样,在诸如起落架舱、辅助动力装置(APU)舱以及电气和电子舱等区域的 EWIS 的设计和安装应尽量减少维修人员在其上踩踏、行走或攀爬的可能性。如果结构不能提供足够的保护,则应提供其他保护,如机械防护装置。

第 25.1721(b)条要求 EWIS 的设计者和安装者考虑可能被货舱内人员损坏的电线布线等问题。例如,EWIS 的设计和安装方式必须尽可能避免将其用作手或立足点。这将进一步要求防止机舱或飞行甲板上的人员损坏 EWIS。越来越多的线路连接到乘客座椅,以支持日益复杂的乘客便利功能。例如,如果飞机配备了座椅靠背显示器,则支撑显示器所需的电子部件通常安装在座椅下方。这需要将电线布线到座椅上,通常通过座椅轨道(用于将座椅固定到地板上的结构通道)或座椅旁边的侧壁。许多安装在座位上或座位下的电线被乘客损坏了。

4. 符合性验证方法与材料

可采用 MC1 方法,结合第 25.1709 条款内容所及表明 EWIS 的保护要求。

可采用 MC7 方法,真机上检查验证 EWIS 的保护是否满足适航规章及维修大纲要求。

### 4.2.4　维修简便相关条款

### 4.2.4.1　第 25.783 条　机身舱门

1. 条款原文

> **第 25.783 条　机身舱门**
>
> (f) 目视检查规定　每一未锁闩可能有危险的门必须有清晰的直接目视检查措施,确定门是否完全关闭、锁闩和锁定。该措施必须是永久的,并且在运行照明条件下或者通过手电筒或同等光源的手段的照明条件下是清晰可辨的。

2. 背景和历史演变

FAR §25.783 源自 CAR 4b.356,后续进行了六次修订(见表 4 - 31)。

表4-31　§25.783条款相关修正案

| 序号 | 条款号 | 标题 | 修正案号 | 生效日期 | 当前版本 |
|---|---|---|---|---|---|
| 1 | §25.783 | Doors. | Amdt. 25-0 | 02/01/1965 | |
| 2 | §25.783 | Doors. | Amdt. 25-15 | 10/24/1967 | |
| 3 | §25.783 | Doors. | Amdt. 25-23 | 05/08/1970 | |
| 4 | §25.783 | Doors. | Amdt. 25-54 | 10/14/1980 | |
| 5 | §25.783 | Doors. | Amdt. 25-72 | 08/20/1990 | |
| 6 | §25.783 | Doors. | Amdt. 25-88 | 12/09/1996 | |
| 7 | §25.783 | Fuselage doors. | Amdt. 25-114 | 06/02/2004 | √ |

1) Amdt. 25-0 的修订情况

1965年2月1日生效的 Amdt. 25-0,将原 CAR 4b. 356 演变为 FAR §25.783,对飞机上的机身舱门提出了总体要求。

2) Amdt. 25-23 的修订情况

1970年5月8日生效的 Amdt. 25-23 修改了§25.783(b)(f),将"机械失效"后增加"或者任何单个结构元件的失效"。修订前§25.783 要求提供方法,以防止锁闩季候失效等机械失效引起的飞行中机身舱门打开的情况,该条款只适用于具有锁闩机构的向外开的舱门,不适用于由结构支撑的非承压插入式舱门。故而对§25.783(b)(f)进行修订,要求任何单个结构元件失效不会导致舱门在飞行中打开。

3) Amdt. 25-54 的修订情况

1980年10月14日生效的 Amdt. 25-54,该修正案对运输类飞机适航标准中舱门部分作了修订。用§25.783(g)替换§25.783(f),用§25.783(h)替换§25.783(g)的第一句话,用§25.783(i)替换§25.783(g)的第二句话。为了细化机身舱门及厕所门的要求,修订了§25.783(e)和§25.783(i),并增加了§25.783(f)和§25.783(j)。

1974年,FAA召开首届适航规章评审年会,按议题发布了 NPRM 75-31。基于 NPRM 75-31,1980年9月11日 FAA 发布了最终规则(Final Rule),作为对首届适航规章评审年会问题的整理。

为进一步提高飞机机身舱门的安全性,修订§25.783(e)和§25.783(i),细化了机身舱门锁定的检查、机身入口处座椅的动力和变形要求。增加§25.783(f)和§25.783(j),提出未锁好机身舱门不能阻碍舱内增压或自行打开,以及厕所门在紧急情况下可以从外面打开的要求。

4) Amdt. 25 – 114 的修订情况

该修正案于 2004 年 6 月 2 日生效,FAA 修订了运输类飞机的机身门、舱口和出口的设计标准。本次修订目的是通过提供设计标准来确保门在服务经验表明可能发生的所有情况下保持安全,从而提高门的完整性。

此外,通过消除美国和欧洲适航标准和相关指导材料之间的监管差异,采用该修正案还减轻了适航认证的负担。

首先,本次修订将 §25.783"舱门(Doors)"改为"机身舱门(Fuselage doors)",目的是准确体现本条规章的适用性。

修订的 §25.783(f)款的名称其实与原 §25.783(e)款相似。FAA 要求提供直接目视检查的规定,以确定门是否完全关闭和上锁。观察装置的具体位置和数量取决于具体的设计,但可能不需要每个锁都有观察装置,且前提是所提供的视觉指示器的数量不会给出错误指示。该提议的要求类似于现有的 §25.783(b),它需要一种对锁定机构进行直接目视检查的方法。

此外,修订的内容扩大适用范围到所有锁闩打开可能导致危险的舱门,无论其初始移动方向如何。

在 NPRM 中,FAA 仅确定了一个部分,即 §25.783(b),其中制造商将承担可衡量的成本。对于其他变化,FAA 没有进行定量成本估算,仅提供了定性成本指示。而涉及 §25.783(f)内容的说明部分,增加包含目视检查规定要求。直接目视检查的要求扩展到更多门类型,并且在某些情况下可能会增加成本。

3. 条款解读

目视检查规定如下。

(1) 条款对于舱门的关闭位置直接目视检查和每个锁闩和锁的状态是必要的。这是由于当所有舱门关闭、锁闩和锁定操作完成后,驾驶舱或其他不安全舱门的远程显示仍然存在情况下,飞机的签派是允许的。在这种情况下,由于目视指示用于确定在不安全门显示的情况下是否允许飞行,目视指示应比远程显示具有更高的完整性级别。

(2) 条款中的目视检查应该:

① 应允许直接检查锁的位置,确定每个锁闩是锁紧的每个锁处于锁定位置。对于锁闩没有配备锁的舱门,直接检查锁闩的位置和潜在限制机构,可能对于所有锁紧的锁闩是必要的。通过光学器件或显示标记的间接检查是可接受的,如果不存在允许假锁闩或锁紧指示的失效模式存在。

② 不包括由于检查角度的更改带来的锁闩和锁的状态假指示。该状态应该是明显的,不需要进行评估的人员进行任何研究分析。

③ 对于完整的设计,遵循正确的装配,不需要未安排的调整。此外,设计应限于未经批准的调整。

④ 不包括可能导致假锁闩和锁紧指示的未装配情况。

⑤ 如果使用标识来协助锁闩和锁的状态的辨识,该标识必须包括永久的物理特征来确保标识保持准确的定位。

⑥ 虽然目视检查方法本身应是明确的,有必要使用标牌和说明来解释锁闩和锁的状态。

⑦ 如果使用光学设备或窗户来检查锁闩和锁,应证明它们提供清晰的视角并不受水雾影响、被拆除材料堵塞或假指示。光学设备和窗户应对刮痕、细裂纹和任何其他来自飞机操作和清洁过程中使用的所有材料和流体损伤。

4. 符合性验证方法与材料

对第 25.783(f)条的第一句符合性可通过如下方法表明:

(1) 可采用 MC1 方法,根据舱门结构的设计方案、图纸、舱门告警指示的设计方案进行符合性验证检查,并根据飞机维修大纲中目视检查规定规范检查方法。

(2) 采用 MC7 方法,对舱门关闭、锁闩和锁定进行检查,对第 25.783(f)进行符合性验证。

第 25.783(f)条还要求"该措施必须是永久的,并且在运行照明条件下或者通过手电筒或同等光源的手段的照明条件下是清晰可辨的。"对该要求的符合性可通过如下方法表明:

(1) 可采用 MC1 方法,根据维修大纲以及舱门设计方案进行符合性验证检查,以及根据飞机维修大纲中目视检查规定规范检查方法。

(2) 采用 MC7 方法,在正常范围的照明条件下进行检查、验证该直接目视检查措施的符合性。

### 4.2.4.2　第25.971条　燃油箱沉淀槽

1. 条款原文

**第 25.971 条　燃油箱沉淀槽**

(c) 每个燃油箱沉淀槽均必须具有符合下列要求的可接近的放液嘴:

(3) 具有手动或自动的机构,能确实地锁定在关闭位置。

2. 背景和历史演变

FAR §25.971 由 CAR 4b.424 重编而来,内容没有任何实质性变化,而且迄今内容保持没有变化(见表 4 - 32)。

**表 4 - 32　§25.971 条款相关修正案**

| 序号 | 条款号 | 标题 | 修正案号 | 生效日期 | 当前版本 |
|------|--------|------|----------|----------|----------|
| 1 | §25.971 | Fuel tank sump. | Amdt. 25 - 0 | 02/01/1965 | √ |

3. 条款解读

每个油箱都应有单独的沉淀槽和单独的可接近的放沉淀嘴。

备用油箱如果通过试验表明其内水分可以通过主油箱沉淀槽收集并排出,则可以通过等效安全表明符合本条要求。

4. 符合性验证方法与材料

可采用 MC1 方法,通过燃油箱安装图中沉淀槽和放沉淀嘴的布置,说明沉淀槽位置和容积等可以满足本条款要求,而且放沉淀嘴处于沉淀槽最低处,便于排出沉淀槽中的水和杂质,且易于接近。

可采用 MC5 方法,通过地面试验,验证沉淀槽的布置能完全收集油箱中的水分等杂质,并可靠排出,排放液避开飞机各个部分;实际操作确认放沉淀嘴能人工或自动锁定在关闭位。

可采用 MC7 方法,通过飞机实际安装的检查,确认沉淀槽和放沉淀嘴的设置符合要求。

### 4.2.4.3　第 25.999 条　燃油系统放油嘴

1. 条款原文

**第 25.999 条　燃油系统放油嘴**

（b）本条(a)要求的每个放液嘴必须满足下列要求:

（2）有手动或自动的机构,能确实地锁定在关闭位置。

2. 背景和历史演变

1965 年 2 月 1 日,FAR 25 部增加了该条款,后经 Amdt. 25 - 38 修订了一次(见表 4 - 33)。

表 4 - 33　　§ 25. 999 条款相关修正案

| No. | Section | Title | Amdt | Eff date | Current |
|---|---|---|---|---|---|
| 1 | § 25. 999 | Fuel system drains. | Amdt. 25 - 0 | 02/01/1965 | |
| 2 | § 25. 999 | Fuel system drains. | Amdt. 25 - 38 | 02/01/1977 | √ |

该条款目的是对燃油系统放液嘴和放油阀及其安全排放、可靠锁定和在起落架收起着陆时的安全防护提出相关要求。

FAA NPRM No. 75 - 10 提出应考虑淤积影响并增加相关要求,并给出如下解释:目前 § 25. 999 未要求需具有快速作动式放油阀,同时也未对这一类型的放油阀给出合适的安装标准。事故调查发现,因燃油中含有水分杂质所导致的事故原因中,部分是由于无快速作动式放油阀所致。因此,该 NPRM 提议安装快速作动式放油阀,并对其安装给出合适的标准。

Amdt. 25 - 38 随后采纳了该建议,并作了一些澄清。以下是该修正案给出的修订说明,有助于深入了解该条款的意图:有几个评论者质疑 NPRM 新提议的 § 25. 999(b)(3)中术语"快速作动式放油阀"的含义。FAA 同意该术语会招致误解,因此在本修正案最终条款中删去了"快速作动式"一词。

另有评论者称,NPRM 所提议 § 25. 999(b)(3)中关于在起落架收起着陆时放油阀不得损伤的要求,不是一个合适的设计规范,因为损伤与否不是制造商所能控制的。FAA 同意原提议的条款语句"以使其不会损伤"没有正确诠释 FAA 的要求。同时 FAA 相信,只要通过对放油阀设计及其安装位置进行合理考虑,完全可以防止在机轮收起着陆中发生燃油喷溅。FAA 据此相应修订了最终条款文字以作澄清。

可接受的符合性方法包括系统说明、设计图纸和系统图的评估,同时结合符合性(模拟器)检查、燃油放油系统的功能性验证,以及机轮收起时飞机与燃油系统放油阀几何外形的分析。申请人其他型别飞机已获批准的燃油放油系统构型的相似性和服役经验可以作为表明符合性的考虑因素。申请人必须提交系统功能说明和试验大纲,内容应针对 § 25. 971(c)和 § 25. 999 中每一项系统设计要求和工况。

3. 条款解读

飞机和发动机应分别能通过燃油箱沉淀槽放油阀和燃油滤沉淀槽放油处排放燃油。

放油阀必须易于打开和关闭,并能可靠锁定于关闭位。对于符合美国军用标准 MIL‑V‑25023B 或 FAA 技术标准规定 TSO‑C76a 的弹簧式放油阀,为保证"确实地锁定在关闭位置",除阀门应安装成可目视确认阀门是否关闭的形式外,申请人还应表明在任何可预期的工作情况下阀门不会无意被打开。

放油阀的安装位置或阀门设计,必须能防止在机轮收起着陆时发生燃油喷溅。

4. 符合性验证方法与材料

可采用 MC1 方法,在设计符合性说明中,可通过燃油系统设计和安装图说明安装有燃油排放措施;并且放油阀的设计和设置,可以保证排放液避开飞机其他部分、放油阀易于打开和关闭并能可靠锁定于关闭位、可以防止在机轮收起着陆时放油阀受损导致燃油喷溅。

可采用 MC5/MC6 方法,通过燃油系统地面和/或飞行排放试验,确认放油阀能正常开启和关闭,并能可靠锁定在关闭位,而且排放液不会排到飞机其他部分。在设计符合性地面检查中,通过对燃油排放系统安装的设计符合性地面检查,确认放油阀能可靠锁定在关闭位且易于接近,而且排放液避开飞机其他部分;确认放油阀的安装位置和/或防护,足够保证在机轮收起着陆时不会导致放油阀受损发生燃油喷溅。

### 4.2.4.4　第 25.1021 条　滑油系统放油嘴

1. 条款原文

---

**第 25.1021 条　滑油系统放油嘴**

必须具有能使滑油系统安全排放的一个(或几个)放油嘴。每个放油嘴必须满足下列要求:

(b) 有手动或自动的机构,能将其确实地锁定在关闭位置。

---

2. 背景和历史演变

1965 年 2 月 1 日,FAR 25 部增加了该条款,后经 Amdt. 25‑57 进行了一次修订,允许使用多个放油嘴,以便排放更有效(见表 4‑34)。

表 4‑34　§25.1021 条款相关修正案

| 序号 | 条款号 | 标题 | 修正案号 | 生效日期 | 当前版本 |
|---|---|---|---|---|---|
| 1 | §25.1021 | Oil drains. | Amdt. 25‑0 | 02/01/1965 | |
| 2 | §25.1021 | Oil [system drains.] | Amdt. 25‑57 | 03/26/1984 | √ |

3. 条款解读

本条款结合第 25.993 条"燃油系统导管和接头"、第 25.1017 条"滑油导管和接头"及第 25.1183 条"输送可燃液体的组件"等条款的审定一起进行符合性审查。一般本条款在发动机审定中得到覆盖,但须进行安装符合性的检查和确认。

4. 符合性验证方法与材料

建议采用 MC1、MC2 和 MC7 方法表明对 25.1021(b)条的符合性。具体说明如下。

(1) MC1:提供舱门的设计图纸、安装技术条件、机构运动分析报告等文件;

(2) MC2:比如滑油系统放油嘴关闭位置的确定;

(3) MC7:为检验滑油系统放油嘴有手动或自动的机构,能将其确实地锁定在关闭位置,需要进行机上检查。

### 4.2.4.5　第 25.1199 条　灭火瓶

1. 条款原文

#### 第 25.1199 条　灭火瓶

(c) 对于每个灭火瓶必须设有指示措施,指示该灭火瓶已经喷射或其充填压力低于正常工作所需的最小规定值。

2. 背景和历史演变

FAR § 25.1199 源自 CAR 4b.400,规定了动力装置安装所涉及的范围及整体要求,后经 Amdt. 25-23 和 Amdt. 25-40 进行了两次修订(见表 4-35)。

表 4-35　§ 25.1199 条款相关修正案

| 序号 | 条款号 | 标题 | 修正案号 | 生效日期 | 当前版本 |
|---|---|---|---|---|---|
| 1 | § 25.1199 | Extinguishing agent containers. | Amdt. 25-0 | 02/01/1965 | |
| 2 | § 25.1199 | Extinguishing agent containers. | Amdt. 25-23 | 05/08/1970 | |
| 3 | § 25.1199 | Extinguishing agent containers. | Amdt. 25-40 | 05/02/1977 | √ |

较早款式的灭火瓶设计允许容器热释放。服役中发生过气体泄漏冲击到热释放装置对面的瓶体,瓶体内压力迅速上升并且在热释放装置融化之前导致瓶体爆破。瓶体的较早设计包含一个在绕机检查时可视的压力表。然而,压力表容易泄漏,因此改进的设计使用有密封/焊接压力开关的全焊接接头(密封)来监控瓶体压力及低于最小压力时给出座舱指示。

3. 条款解读

飞机上的灭火瓶充填灭火剂后为保证喷射速率须充高压气体,同时为了防止温度升高引起灭火瓶爆炸,装有释压装置。释压排放口必须考虑排出的灭火剂不会损伤飞机,也不被冰或其他外来物堵塞。

灭火瓶上要有压力表,用来定期检查灭火瓶内的压力,确保灭火瓶已经喷射或因灭火剂泄漏使压力低于维持正常工作的最小规定值。

灭火瓶的安装位置必须保证在预定的运行条件下灭火瓶的温度不会造成压力低于保证喷射率的规定值或引起过早喷射。

4. 符合性验证方法与材料

建议采用 MC1、MC2、MC7 方法表明对第 25.1199(c)条的符合性。

### 4.2.4.6　第 25.1321 条　布局和可见度

1. 条款原文

> **第 25.1321 条　布局和可见度**
>
> (e) 如果装有指出仪表失灵的目视指示器,则该指示器必须在驾驶舱所有可能的照明条件下都有效。

2. 背景和历史演变

FAR §25.1321 源自 CAR 4b.610,后经修正案 Amdt. 25-41 进行了一次修订(见表 4-36)。

表 4-36　§25.1321 条款相关修正案

| 序号 | 条款号 | 标题 | 修正案号 | 生效日期 | 当前版本 |
|---|---|---|---|---|---|
| 1 | §25.1321 | Arrangement and visibility. | Amdt. 25-0 | 02/01/1965 | |
| 2 | §25.1321 | Arrangement and visibility. | Amdt. 25-41 | 09/01/1977 | √ |

1) Amdt. 25-0 的修订情况

1965 年 2 月 1 日生效的 Amdt. 25-0,将原 CAR 4b.610"Arrangement and visibility."演变为 FAR 25.1321,名称没变。

2) Amdt. 25-41 的修订情况

1977 年 9 月 1 日生效的修正案 Amdt. 25-41 的目的是更新和改进适用于飞机设备和系统的适航标准,并对运行规则进行相关更改,是适航审查计划的一部分。

几位专家反对拟议的§25.1321(e)中"在所有驾驶舱照明条件下"的短语，认为它包括从闪电到夜间完全电力故障导致的完全黑暗的一切，提议的§25.1321(e)对可选设备要求的特殊照明规定在某些紧急情况下可能会分散注意力，并可能对可用电源造成不必要的负载。鉴于这些意见，FAA不认为在这方面区分必需的和可选的文书是必要的。FAA认为，如果为机组人员提供了故障指示器，它应该在所有可能的驾驶舱照明条件下都有效。

在FAA进一步审查后，提议§25.1321(e)修改为要求考虑所有可能的驾驶舱照明条件下故障指示器的可见性。

3. 条款解读

本条款要求目视仪表失灵指示器必须在驾驶舱所有可能的照明条件下都有效。

FAA咨询通告AC 25-11A指出，显示信息应考虑所有可预期的照明条件，包括照明和电源失效下的各种故障模式，驾驶舱照明和显示系统照明选择的全部环境，以及运行环境(比如白天和夜间照明)。如果确实装了目视指示器用以指示仪表故障，则指示器必须在上述各种环境中都有效。

4. 符合性验证方法与材料

本条款是关于驾驶舱指示器可见度的要求。推荐的符合性方法为MC1、MC6和MC7，具体说明如下。

(1) MC1：可采用系统原理(方案)说明、设计图样等说明性文件表明驾驶舱指示器布局与可见度是否符合适航条款规范。

(2) MC6：进行仪表板的振动特性试验和显示仪表的目视指示器在驾驶舱所有可能的照明条件下都有效的试验(亦可在飞行试验中验证仪表板的布局及可见度)。

(3) MC7：采用机上检查的方式，在真机上进行仪表板的振动特性试验和显示仪表的目视指示器在驾驶舱所有可能的照明条件下都有效的试验(亦可在地面试验中验证仪表板的布局及可见度)。

### 4.2.4.7　第25.1435条　液压系统

1. 条款原文

**第25.1435条　液压系统**

(b) 系统设计。每个液压系统必须：

(5) 设计中使用飞机制造商指定的液压液体，该流体必须具有满足第25.1541条要求的合适的标牌加以识别。

2. 背景和历史演变

FAR §25.1435 源自 CAR 4b.356,后续进行了五次修订(见表 4-37)。其中,Amdt. 25-72 和 25-104 涉及§25.1435(b)的内容。

**表 4-37　§25.1435 条款相关修正案**

| 序号 | 条款号 | 标题 | 修正案号 | 生效日期 | 当前版本 |
|------|--------|------|----------|----------|----------|
| 1 | §25.1435 | Hydraulic systems. | Amdt. 25-0 | 02/01/1965 | |
| 2 | §25.1435 | Hydraulic systems. | Amdt. 25-13 | 07/27/1967 | |
| 3 | §25.1435 | Hydraulic systems. | Amdt. 25-23 | 05/08/1970 | |
| 4 | §25.1435 | Hydraulic systems. | Amdt. 25-41 | 09/01/1977 | |
| 5 | §25.1435 | Hydraulic systems. | Amdt. 25-72 | 08/20/1990 | |
| 6 | §25.1435 | Hydraulic systems. | Amdt. 25-104 | 06/15/2001 | √ |

1) Amdt. 25-72 的修订情况

在该修正案之前,§25.1435(b)是作为"试验"来标示的,包含液压系统的验证试验的参考资料,该验证试验是为表明符合§25.1309 所必需的。在 Amdt. 25-72 之后,原§25.1435(a)(2)~§25.1435(a)(8)关于指示、系统压力、瞬态压力、体积变化、泵卸压压力的限制、波动阻尼装置、振动、磨损、机械损坏、惯性载荷、有害蒸汽、相对运动等内容移至"试验与分析"的§25.1435(b)(2)中。

2) Amdt. 25-104 的修订情况

该修正案的目的是协调与欧洲一致的运输类飞机液压系统适航标准,修订了运输类飞机液压系统设计和试验的适航标准要求。为便于清晰表述,修正案将某些规章正文内容移到新的咨询通告 AC 25.1435-1 中,且合并和(或)分离了一些段落;修改了飞机静压试验要求,允许在液压系统释放压力条件下进行完整功能性(动态)飞机试验。

经过 Amdt. 25-104 修正案后,条款变化很大,更改前后的对比如下:

(1) 修订后的(a)款,规定了液压系统的元件设计及其验证的全面要求。(2)、(3)项内容未变,增加的(1)项内容明确了系统元件的验证和极限压力,(4)和(5)项内容是关于系统元件疲劳和环境要求;

(2) 修订后的(b)款内容是对系统的设计要求。

3. 条款解读

本条款提供了运输类飞机液压系统最低的设计、性能和安全性标准,主要从以下几个方面强调了液压系统元件设计和试验、系统设计和系统集成试验的适航要求。

(1) 载荷:设计使用压力与结构限制和极限载荷的组合。

(2) 压力环境:瞬态压力和循环压力。

(3) 环境条件。

(4) 疲劳和耐久性。

(5) 单个和组合失效模式。

(6) 指示和告警。

(7) 安装和支持。

(8) 泵/发动机界面。

(9) 防火。

(10) 持续安全飞行和着陆。

针对第 25.1435(b)(5)条,液压系统中,具有弹性密封的液压部件,如液压缸、阀和油箱等,应当用典型标牌进行标示。

4. 符合性验证方法与材料

本条款主要针对 ATA29(液压),同时也涉及 ATA27(飞控)、ATA32(起落架)、ATA52(货舱门)和 ATA71(反推)等液压能源系统的潜在用户系统。对25.1435(b)条的设计要求的符合性,一般通过 MC1、MC2、MC4、MC5、MC6 和MC7 等方法来表明。

### 4.2.4.8　第25.1529条　持续适航文件

1. 条款原文

### 第25.1529条　持续适航文件

申请人必须根据本部附录 H 编制适航当局可接受的持续适航文件。如果有计划保证在交付第一架飞机之前或者在颁发标准适航证之前完成这些文件,则这些文件在型号合格审定时可以是不完备的。

2. 背景和历史演变

该条款源自 CAR 4b.400,规定了动力装置安装所涉及的范围及整体要求,后续 §25.1529 及相关附录进行了四次修订(见表 4-38)。

表 4-38　§ 25.1529 条款及相关附录的修正案

| 序号 | 条款号 | 标题 | 修正案号 | 生效日期 | 当前版本 |
|---|---|---|---|---|---|
| 1 | § 25.1529 | Instruction for Continued Airworthiness. | Amdt. 25-0 | 02/01/1965 | |
| 2 | § 25.1529 | Instruction for Continued Airworthiness. | Amdt. 25-54 | 10/14/1980 | √ |
| 3 | H25.1 | Instruction for Continued Airworthiness. | Amdt. 25-54 | 10/14/1980 | |
| 4 | H25.3 | Instruction for Continued Airworthiness. | Amdt. 25-54 | 10/14/1980 | |
| 5 | H25.4 | Instruction for Continued Airworthiness. | Amdt. 25-54 | 10/14/1980 | |
| 6 | H25.1 | Instruction for Continued Airworthiness. | Amdt. 25-68 | 08/18/1990 | |
| 7 | H25.4 | Instruction for Continued Airworthiness. | Amdt. 25-102 | 06/06/2001 | |
| 8 | H25.1 | Instruction for Continued Airworthiness. | Amdt. 25-123 | 12/10/2007 | √ |
| 9 | H25.4 | Instruction for Continued Airworthiness. | Amdt. 25-123 | 12/10/2007 | √ |
| 10 | H25.5 | Instruction for Continued Airworthiness. | Amdt. 25-123 | 12/10/2007 | √ |

1970 年之前,绝大多数制造厂家已经为大型运输飞机用户提供维护信息手册,不过 FAA 没有就这些手册应该包括的内容,手册的分发以及手册提供给用户的时间等方面提出标准。

1970 年,Amdt. 25-21 新增了 § 25.1529,要求 TC 申请人给用户提供飞机维护手册,但没有给出持续适航文件的具体要求。

1980 年,Amdt. 25-54 对这一条款再次修订,新增附录 H,要求 TC 申请人按照 25 部附录 H 的要求准备持续适航文件。附录 H 共有 4 款,明确了以下要求:

(1) H25.1 总则规定了本附录依据的条款,持续适航文件的总体内容要求,以及制定文件修订、控制和颁发计划的要求,这段规定了持续适航文件经局方认可前,申请人必须提交修订、颁发的计划,该计划需经局方认可。

(2) H25.2 规定了持续适航文件所使用的格式的要求,局方审查时,ATA100、ATA2200 或 ASDS100D 标准是普遍认可的格式标准。

（3）H25.3 规定了持续适航文件的内容。该部分规定了持续适航文件所必须包含概述资料、产品和设备的一般说明、操作的一般说明和勤务的说明等 4 个方面的维护的数据说明性要求。该部分的内容主要是提供给维修人员相关航空器、产品和设备的必须的数据说明，以及勤务工作的具体说明，不包含维修飞机的具体任务和程序。值得指出的是：其中要求的操作说明并不是提供给飞行人员或运行人员使用的，其目的是让维修人员更好地了解飞机、产品或设备的基本操作要求，便于维修工作。

（4）H25.4 规定了适航限制部分需要包含的内容。因为当时适航规章中引入损伤容限的要求，由 §25.571 批准的强制性更换、检查间隔和检查程序纳入持续适航文件的适航限制部分（具体内容参考 §25.571 及其相关资料的说明）。

适航限制部分的目的是将型号审定过程中批准的维修任务和维修程序的数据要求纳入持续适航文件中去，并按持续适航文件的方式进行管理，保证用户获得必要的数据，并按此要求执行。但是，§25.1309 条款产生的维修审定要求（CMR）并没有在本条款中给出规定。长期以来，局方一直对 CMR 给予单独批准，用户也将其作为适航限制部分来进行控制，有意见认为这是规章中的一个缺陷。但实际操作的过程中，这并不影响对 §25.1309 产生的维修要求的批准和执行，这可能是 FAA 不修订规章的原因。

2001 年，Amdt. 25-102 修订了 25 部附录 H 第 4 条适航限制部分的要求。按照 §25.981 条的要求，适航限制部分增加了对燃油箱系统的每一个强制性的更换时间、结构检查时间间隔以及按 §25.981 批准的所有关键设计构型控制限制。

2007 年，Amdt. 25-123 修订了 25 部附录 H 第 4 条，适航限制章节中增加电气电缆交联系统（EWIS）的强制更换项目；同时增加了附录 H 第 5 条，该条规定了 EWIS 文件的批准要求、包含的内容要求和识别要求。

3. 条款解读

本条款要求申请人制订持续适航文件，本条款及附录 H 中规定的持续适航文件的范畴是用于飞机维修的文件，持续适航文件的交付对象是用户，持续适航文件依据特定飞机型号型别的构型编写，保证飞机在投入使用后，用户能够依据持续适航文件对飞机进行维护，并使飞机符合取证时的技术状态。

本条款规定的持续适航文件主要包含以下方面的内容［具体要求参见附录 H.1（b）］：每架飞机的持续适航文件必须包括每个发动机和螺旋桨（以下统称

"产品")的持续适航文件,中国民用航空规章要求的每个设备的持续适航文件,以及所需的有关这些设备和产品与飞机相互联接关系的资料。如果装机设备或产品的制造厂商未提供这些持续适航文件,则飞机持续适航文件必须包含上述对飞机持续适航性必不可少的资料。

4. 符合性验证方法与材料

建议符合性验证方法可采用符合性声明(MC0)和 MC1 等方法。

申请人在进行上述符合性验证工作时,可能需要提交的符合性验证材料一般情况下有以下几种:

1) 顶层文件

顶层文件对持续适航文件的编制内容和计划进行了总体规定,该文件说明的重点一般包括以下要素:语言要求,格式要求,持续适航文件的数据源管理,持续适航文件的数据内容要求,数据逻辑关系说明,文件手册的编制规范,文件数据的构型管理,文件的质量控制(包括自审、内审、维修程序验证等),提交审查的手册或文件计划,文件的修订、控制和发布的管理。

2) 符合性声明

主要是采用检查单的方式,对于条款要求的内容对照持续适航文件内容逐一给出符合性说明。

3) 持续适航文件

按照顶层文件的划分所规定的持续适航文件应提交局方,按照 ATA100/ATA2200 或 S1000D 的标准格式要求,这些文件一般包括维修大纲、审定维修要求、适航限制项目、飞机维修手册、排故手册、飞机图解零部件手册等,具体的手册由申请人的审定计划来确定。

4) 修订和发布程序

申请人提交持续适航文件的修订颁发计划和相关程序,说明持续适航文件满足 H25.1 的修订颁发的管理要求,经审查通过后,局方给予认可,该计划和程序的认可是申请人符合第 25.1529 条的前提条件之一。

5) 文件编制和交付计划

如果颁发型号合格证之前不能提交完备的持续适航文件,申请人应制订详细的计划,该计划应充分说明飞机交付或颁发标准适航证之前提供持续适航文件,并获得局方认可。

### 4.2.4.9 第25.1541条 (标记和标牌)总则

1. 条款原文

**标记和标牌**

**第25.1541条 总则**

(a) 飞机必须装有:

(1) 规定的标记和标牌;

(2) 如果具有不寻常的设计、使用或操纵特性,为安全运行所需的附加的信息、仪表标记和标牌。

(b) 本条(a)中规定的每一标记和标牌必须符合下列要求:

(1) 示于醒目处;

(2) 不易擦去、走样或模糊。

2. 背景和历史演变

FAR §25.1541源自CAR 4b.730,后未做修订(见表4-39)。

表4-39 §25.1541条款相关修正案

| 序号 | 条款号 | 标题 | 修正案号 | 生效日期 | 当前版本 |
|------|--------|------|----------|----------|----------|
| 1 | §25.1541 | General. | Amdt. 25-0 | 02/01/1965 | √ |

1965年2月1日生效的Amdt. 25-0,将原CAR 4b.730"General"演变为FAR §25.1541,名称不变。

3. 条款解读

1) 第25.1541(a)条解读

第25.1541(a)(1)条所述的"规定的标记和标牌"是指第25.1543条~第25.1563条所述的标记和标牌。这些标记和标牌要求是满足运输类飞机安全的最低适航要求。标记指直接标在仪表、操纵器件、飞机结构和系统附件上面或其附近带有颜色的标志、记号和符号。标牌是指标有文字、数值和曲线的警告或使用说明等的告示牌。标牌使用的术语和单位应与维修类手册上的术语和单位一致。标记和标牌传递的信息必须尽可能简单、清晰、明了。第25.1541(a)(2)条中"如果具有不寻常的设计、使用或操纵特性,为安全运行所需的附加的信息、仪表标记和标牌"则需根据每个飞机型号的特殊性和其特点来指定。

这些标记和标牌要求是满足运输类飞机适航标准的最低安全要求。

2）第 25.1541(b)条解读

第 25.1541(b)(1)条要求标记标牌的位置要清晰易见。例如，对于一些应急设备和乘客信息标记，允许使用符号来表示，但是此种表示必须清晰易懂、不引起混淆。存放应急设备的隔间（如橱柜）必须有标明只能放置轻软物品的标识，以避免放置于该处的应急设备被重物损坏及遮掩，从而影响取用。

第 25.1541(b)(2)条要求标记和标牌应是清晰可辨的，不易擦去、走样或模糊。这要求喷涂的油漆应是抗燃油的，并且固定方式牢固可靠。

4. 符合性验证方法与材料

一般可考虑按照系统和专业来进行划分，各系统和专业分别使用 MC1 和 MC7 方法，或者使用两者相结合的方法，对型号设计对第 25.1541 条款的符合性进行验证。

（1）MC1 方法：通过列出型号设计中所包含的所有标记标牌来对型号设计对第 25.1541(a)(1)(2)条的符合性进行验证；从标牌的颜色、大小、位置的角度对型号设计对第 25.1541(b)(1)条的符合性进行验证；从制作标记标牌所使用的材料、喷涂材料、喷涂工艺的角度对型号设计对第 25.1541(b)(2)条的符合性进行验证。

（2）MC7 方法：通过对飞机上已安装了哪些标记和标牌进行检查来对型号设计对第 25.1541(a)(1)(2)条的符合性进行验证；通过检查每个标记标牌的位置来对型号设计对第 25.1541(b)(1)条的符合性进行验证；通过使用中性肥皂水用力擦拭标记和标牌后，其上的文字不易擦去、走样或模糊的方法来对型号设计对第 25.1541(b)(2)条的符合性进行验证。

在需要在飞行过程中通过判读仪表指示来验证的系统，还可以考虑使用 MC6 方法来对第 25.1541 条的符合性进行验证。

### 4.2.4.10　第 25.1557 条　其它标记和标牌

1. 条款原文

---

**第 25.1557 条　其它标记和标牌**

（b）动力装置液体加注口采用以下规定：

　　（1）必须在燃油加油口盖上或其近旁作如下标记：

　　　　（i）"燃油"字样；

　　　　（ii）最低燃油品级（对活塞发动机）；

> （iii）许用燃油牌号（对涡轮发动机）；
> （iv）压力加油系统的最大许用加油压力和最大许用抽油压力。
> （2）在滑油加油口盖上或其近旁必须标有"滑油"字样。
> （3）在加力液加注口口盖上或其近旁必须有标出所要求的液体的标记。

　2. 背景和历史演变

1965 年 2 月，CAR 4b. 738（a）、4b. 738（b）和 4b. 738（c）分别演变成 FAR §25.1557（a）、§25. 1557（b）和§25. 1557（c）。到目前为止该条款经过了 Amdt. 25-32、Amdt. 25-38 和 Amdt. 25-72 的三次修订（见表 4-40）。

表 4-40　§25.1557 条款相关修正案

| 序号 | 条款号 | 标题 | 修正案号 | 生效日期 | 当前版本 |
|---|---|---|---|---|---|
| 1 | §25.1557 | Miscellaneous markings and placards. | Amdt. 25-0 | 02/01/1965 | |
| 2 | §25.1557 | Miscellaneous markings and placards. | Amdt. 25-32 | 05/01/1972 | |
| 3 | §25.1557 | Miscellaneous markings and placards. | Amdt. 25-38 | 02/01/1977 | |
| 4 | §25.1557 | Miscellaneous markings and placards. | Amdt. 25-72 | 08/20/1990 | √ |

　1) Amdt. 25-38 的修订情况

对§25.1557（b）进行了修改，将燃油和滑油的标牌分开来要求，并增加了 (b)(1)(iv)对压力加油系统的最大许用加油压力和最大许用抽油压力的标记进行要求。

　2) Amdt. 25-72 的修订情况

对§25.1557（b）的标题进行了修改，并增加了（b）（3）部分——在液体加注口口盖上或其近旁必须有要求液体的标记。

　3. 条款解读

本条款要求在加力液加注口或其近旁必须有标出所要求的液体的标记，包括在推力或功率增大系统的液箱口盖上标明要求加注的液体。

　4. 符合性验证方法与材料

（1）可采用 MC1 方法，提供标有行李舱、货舱和配重位置的图纸，相应的标记和标牌的位置说明，以及标记标牌的设计说明文件，表明标记标牌的符合性。

（2）可采用 MC7 方法，根据型号检查报告（TIR），必要时可以对条款要求的标识和标牌进行机上地面检查。

### 4.2.4.11　第 25.1561 条　安全设备

#### 1. 条款原文

**第 25.1561 条　安全设备**

（b）装有灭火瓶、信号装置或其他救生设备的位置，例如锁柜或隔间，必须相应作出标记。

（c）存放所需应急设备的设施必须有醒目的标记，以识别其中存放的设备并便于取用。

#### 2. 背景和历史演变

1965 年 2 月，FAR §25.1561 由 CAR 4b 引入，并经过 Amdt. 25 - 46 修正案进行过一次修订（见表 4 - 41），增加本条（c）款中对存放的设备"便于取用"（即在 §25.1561(c)的"facilitate"和"removal"之间插入"the easy"）的要求。

表 4 - 41　§25.1561 条款相关修正案

| 序号 | 条款号 | 标题 | 修正案号 | 生效日期 | 当前版本 |
|---|---|---|---|---|---|
| 1 | §25.1561 | Safety equipment. | Amdt. 25 - 0 | 02/01/1965 | |
| 2 | §25.1561 | Safety equipment. | Amdt. 25 - 46 | 12/01/1978 | √ |

#### 3. 条款解读

针对第 25.1561(b)条，客舱内至少须有一高度等同于成人站立时其眼睛高度的标识指明应急设备的位置。对于诸如灭火器这样清晰可见的设备，不需要箭头或指示指明其位置，但该位置（救生设备的近旁或放置救生设备的锁柜或隔间的近旁）需要清楚地标示出什么设备放在此处，该设备是否便于取用。这里的救生设备包括第 25.1421 条指出的扩音器。

针对第 25.1561(c)条，如果滑梯、滑梯/救生筏和/或定位发射器装在出口的容器内，那该容器应该标记上"滑梯""滑梯/救生筏"和"定位发射器"等字样，且这种标识应该不易擦去、模糊或走样。此外，特别强调存放应急设备的设施具有好的可达性，使其易于机组成员接近且可以迅速取出。另外，存放应急设备的设施(如橱柜)必须标示"限放应急设备(Emergency Equipment Only)"或"仅可放置轻软物品(Soft Articles Only)"的标识。"仅可放置轻软物品"是指放置于该处的应急设备不易被重物遮掩而影响取用。

4. 符合性验证方法与材料

(1) 可采用 MC1 方法,提供标安全设备配置位置的图纸,相应的标记标牌设计说明文件,表明标记标牌的符合本条款的要求。

(2) 可采用 MC7 方法,必要时可对安全设备的标识和标牌进行机上地面检查。

### 4.2.4.12 第 25.1711 条 部件识别:EWIS

1. 条款原文

> **第 25.1711 条 部件识别:EWIS**
>
> (b) 对于合格审定规章、中国民用航空规章的营运要求或作为第 25.1709 条评估结果所要求具有冗余设计的系统,与这些系统相关的 EWIS 部件必须特别标明部件号、功能和导线束的分离要求。
>
> (1) 标识必须沿导线、电缆、导线束,按适当的间隔,在飞机区域使机务、修理和改装人员容易看到。
>
> (2) 如果无法在一个 EWIS 部件上标识,必须提供其他标识方法。

2. 背景和历史演变

提出 FAR §25.1711 目的就是要求申请人使用一致的方法识别 EWIS 部件,以便于识别部件、功能和设计限制。CCAR 当时并无 EWIS 的条款约束,该条款源自 Amdt. 25-123(见表 4-42)。

表 4-42 §25.1711 条款相关修正案

| 序号 | 条款号 | 标题 | 修正案号 | 生效日期 | 当前版本 |
|------|--------|------|----------|----------|----------|
| 1 | §25.1711 | Component identification: EWIS. | Amdt. 25-123 | 12/10/2007 | √ |

2007 年 12 月 10 日,FAR Amdt. 25-123 号修正案增加了本条款(25 部运输类飞机适航规章新增 H 分部有关 EWIS 的适航要求)。

该规定要求申请人使用一致的方法识别 EWIS 组件,以方便识别组件、功能和设计限制。对于与飞行基本功能相关的 EWIS,还需要确定 EWIS 分离要求。

§25.1711(b)要求,对于需要冗余的系统,必须用组件零件号、功能和捆包分离要求来标识部件。该规定的目的是要求识别所有 EWIS 部件,而不仅仅是导线(EWIS 的一个部件)。

EWIS 部件的功能和设计限制信息对于维修人员和未来的修改人员来说是很重要的。使用此信息标记部件将有助于确保原始设计提供的安全级别不会降低。它还将防止因不当维护和用非设计或计划用于该特定用途的零件替换原始零件而产生的潜在安全危险。

然而,§25.1711 规定,如果部件不能进行物理标记,则可以使用其他识别方法。例如,根据制造商的一致标记方案使用色码来标记这些类型的组件。申请人必须与 FAA 飞机认证办公室合作来解决细节问题。鉴定方法不受规则的约束。由申请人提出鉴定方法。

3. 条款解读

第 25.1711 条要求申请人使用一致的方法识别 EWIS 部件,以方便识别部件、功能和设计限制。对于通过冗余满足特定认证要求的与飞行基本功能相关的 EWIS,EWIS 的标识还必须包括分离要求。本节要求识别标记在 EWIS 部件的整个预期使用寿命内保持清晰,用于识别部件的方法对部件性能没有不利影响。

确保飞机安全运行的一个重要方面是确保正确识别 EWIS 部件。这将有利于改造设计师、维修人员和检查员能够轻松确定相关系统的功能,以及任何相关的分离要求和设计限制。EWIS 部件的清晰标签和易于理解的识别辅助工具使安装人员、检查人员和维修人员能够轻松确定是否按照设计安装了正确的系统部件,并允许修改人员在适当考虑现有保护和隔离要求的情况下添加系统。

第 25.1711(b)条要求,对于审定规章、运行规章或第 25.1709 条要求的具有冗余设计的系统,与这些系统相关的 EWIS 部件所需的特别标识,说明部件号、功能和分离要求。防止改装者在安装新的或改装的系统时,无意中在先前已经认证的飞机上引入不安全的设计或错误的安装特性。这种识别将通过提醒这些新系统的设计者和安装者,关于这些系统的显著辨识来帮助他们理解并能够做出适当的设计和安装决策。

部件标识还将使执行维护和检查的人员更清楚哪些系统与正在进行维护或检查的区域中的特定 EWIS 相关。

至少有四种类型的 EWIS 部件识别是在不同阶段完成的,分别是:

（1）部件制造商零件号；

（2）机身制造商部件功能识别号；

（3）机身制造商路线识别和修改；

（4）修改或维修时的用户标识（操作员标识代码）。

下面分别阐述这四种 EWIS 部件标识类型。

1）部件制造商零件号

EWIS 部件应由制造商根据国际标准化组织的《航空器电缆识别标记（ISO 2574:1994）》标准或类似规范进行识别。标识包括产品零件号、制造商标识，以及在可能或特别需要时，批次标识或制造年份。这有助于确保：

（1）组件的标识和可追溯性；

（2）验证是否符合飞机认证依据；

（3）制造、维护、质量控制、储存和交付的准确性；

（4）验证批准/合格采购的使用；

（5）在飞机寿命期间监控飞机配置。

下面是标识的具体要求。

（1）EWIS 部件制造商标识。通常使用五位数/字母 C. A. G. E.（商业和政府实体）代码来识别制造商，尤其是电线。或者，对于尺寸可能导致难以使用其他形式的清晰标识的小部件，可以使用徽标。

（2）识别间隔。电线和电缆的标识间隔不得超过 15 英寸（380 mm）。电线或电缆的短距离敷设或大部分电线或电缆的安装方式便于识别标记的阅读时，可以例外。

（3）制造商标记。电线制造商标记通常应为绿色，以区别于飞机制造商通常使用的黑色标记，但也可接受其他对比色。

2）机身制造商部件功能识别号

机身制造商部件功能识别号部件技术规范应包括在部件设计寿命期间用于识别和易读性的方法。除了由原电线制造商压印的类型标识外，飞机电线还应包含在线束装配时完成的唯一电路标识编码。这样，在考虑更换时，就可以确定现有已安装导线的性能能力。因此，可以避免无意中使用性能较低和不合适的替换导线。机身制造商对 EWIS 部件的识别有助于确保：

（1）电缆敷设的标识和检查；

（2）制造、维护、质量控制、储存和交付的准确性；

（3）验证组件所属系统；

（4）识别与安全飞行、着陆或出口所需系统相关的部件，或可能影响机组应对不利运行条件的能力的部件；

（5）EWIS 部件的标识应与飞机布线手册明确对应。

3）机身制造商路线识别和修改

电气图纸应描述穿过整个飞机的电线路线，例如，指示路线之间的不相容性、路线之间的最小距离以及绝对禁止组合线束。根据 25 部附录 H 第 H25.5 段的要求，维修文件中应提供电气图纸。该信息可确保改装设计师和维修人员了解他们正在工作的飞机模型不同航线的规定物理间隔。识别飞机上使用的路线或捆束的编码应通过适当的方式显示，如标签、标牌、彩色扎带或条形码。此类部件标识有助于确保：

（1）捆的识别和检查；

（2）制造、维护、质量控制、储存和交付的准确性；

（3）确定路线类型或路线功能（馈线功率、无线电等）；

（4）明确识别需要物理分离的系统（检测不同路线/束的可能混合、区域内系统的错误路线等）；

（5）识别安全飞行、着陆、出口所需系统或可能影响机组应对不利运行条件能力的系统所采用的路线。

在飞机的整个使用寿命期间，应以有助于确保原始飞机制造商的识别方案的形式进行改装和修理识别。

电线和电缆布线信息应以最好不超过 18 in（460 mm）的间隔进行标识，并且不应模糊 EWIS 部件制造商或机身制造商部件功能标识号的标识标记。此外，电线或电缆的短距离敷设或大部分电线或电缆的安装方式便于识别标记的阅读时，也可以例外。同轴电缆可在同轴电缆的两端进行标识，如果按固定间隔标记电缆会导致电缆压碎，并可能损坏泡沫绝缘层。申请人应提供所选识别方法会损坏电缆的理由。

4）修改或维修时的用户标识（操作员标识代码）

EWIS 的维修或修改应遵循上述段落中针对飞机制造商给出的识别指南。这有助于确保原飞机制造商的识别方案不会因未来的修改或维修而受到损害，并在飞机的整个使用寿命期间保持不变。使用非抗液压材料的临时维修标识可以在液压舱中保留几天，但这种材料不适合长期使用。

4. 符合性验证方法与材料

本条款是关于 EWIS 的部件识别要求。推荐的符合性方法为 MC1、MC7

方法。

（1）可采用 MC1 方法，表明 EWIS 部件的识别标记要求。

（2）可采用 MC7 方法，真机上检查验证 EWIS 各部件识别标志是否满足适航规章及维修大纲要求。

### 4.2.4.13　第 25.1729 条　持续适航文件：EWIS

1. 条款原文

> **第 25.1729 条　持续适航文件：EWIS**
>
> 　　申请人必须按照本部附录 H，第 H25.4 和 H25.5 条的要求，编制适用于 EWIS 的持续适航文件，并由局方批准。

2. 背景和历史演变

2007 年 12 月 10 日，FAR Amdt. 25 - 123 修正案增加了本条款。在当时的意见征集过程中，§25.1729 曾被提议作为 §25.1739 讨论，最终条款号改动的目的是为与其他适航当局的规章相协调，如表 4 - 43 所示。

表 4 - 43　§25.1729 条款相关修正案

| 序号 | 条款号 | 标题 | 修正案号 | 生效日期 | 当前版本 |
| --- | --- | --- | --- | --- | --- |
| 1 | §25.1729 | Instructions for Continued Airworthiness：EWIS. | Amdt. 25 - 123 | 12/10/2007 | √ |

§25.1739 要求申请人必须按照 25 部附录 H25.4 和 H25.5 的要求，准备适用于 EWIS 的持续适航文件，并由局方批准。

在当时的意见征集过程中，空客公司和波音公司建议在条款原文中加入对 §25.1529 条的参考以修订 §25.1729 或将其全部删除，其声称 §25.1529 已经要求形成依照附录 H 的持续适航文件。

FAA 没有同意修订或删除 §25.1729 的请求。在 H 分部中产生一个针对 EWIS 持续适航文件的单独要求是与增加新的 H 分部的意图一致的，目的是搜集现有的 25 部中与线路相关的要求并形成新的要求，使得这些要求容易查找，确保其对 EWIS 的实用性，同时强调了将线路及其相关的部件考虑作为一个飞机系统的重要性。最终，FAA 没有因为这些评论而做出改动。

3. 条款解读

第 25.1729 条要求申请人按照 H25.4 和 H25.5 条准备持续适航文件。对于 AC 25.1701 - 1A 附录 H 中适用于 EWIS ICA 的条款,在此咨询通告中给出指南,具体如下。

不恰当的维护、修理和改装常常会加速 EWIS 部件的老化。设计、改装、安装和维修人员应得到特定的信息以对飞机 EWIS 部件进行正确的维护、修理和改装。H25.4(a)(3)款和 H25.5 条要求型号合格证和补充型号合格证申请人为 EWIS 系统准备持续适航文件。与 EWIS 相关的持续适航文件必须得到认可的机构批准且其文件格式必须能清楚地显示其是 EWIS 的持续适航文件。下文提供了 EWIS 持续适航文件可接受符合性方法的专门指南。

(1) H25.4(a)(3)款。该款要求申请人将任何 EWIS 部件的强制更换时间包含在持续适航文件的适航限制部分中。EWIS 部件为第 25.1701 条所定义的那些部件类型。一般地,EWIS 的设计和选择要使其在飞机全使用寿命中工作。任何为保持相关系统或飞机适航性而必须定时更换的 EWIS 部件必须在持续适航文件适航限制部分中专门说明其规定更换间隔。

(2) H25.5(a)款。该款要求申请人准备 EWIS 适用的持续适航文件。持续适航文件必须涵盖第 25.1701 条中定义的所有 EWIS 部件,规章要求局方对 EWIS 持续适航文件进行批准。

(3) H25.5(a)(1)款。该款要求申请人使用增强区域分析程序(EZAP)准备 EWIS 的维修和检查要求。EZAP 是一种专注于导线的区域分析程序,广泛使用于飞机物理区域的分析,使用其以提出维修工作。咨询通告《使用增强区域分析程序编制运输类飞机电气线路互联系统持续适航文件(AC 25 - 27)》提出了 EZAP 的一个版本。

(4) H25.5(a)(2)款。该款要求申请人将 EWIS 的维修实施编制成标准格式文件。通常标准线路实施手册(SWPM)的出版标志这一工作的完成。此规定的目的不在于要求每个制造厂的 SWPM 都统一,而是使得进行 EWIS 维护和修理的人员能从 SWPM 中更快更方便地找出所需信息,而不论其当前工作的机型。标准线路实施包括 EWIS 部件安装、修理和拆卸的程序和操作,包括关于接线、导线固定方法、插座和电气端接、搭接和接地的信息。SWPM 并非设计手册,且某一机型 EWIS 改装的设计者也不应将其作为设计手册使用,但 SWPM 确实为设计者提供了深入了解 TC 持有人使用的 EWIS 部件类型和制造厂推荐的支持 EWIS 部件持续适航的维护或修理程序。咨询通告《标准线路实施文件的编制(AC 25 - 26)》提供了如何符合 25 部附录 H25.5(a)(2)款要求的指南。

(5) H25.5(a)(3)款。该款要求申请人将EWIS分离要求包括在持续适航文件中,EWIS的分离要求是保持飞机的安全运行的重要条件。维护和修理人员需要掌握型号合格证持有人的分离要求,以避免降低已通过审定系统的分离水平。这一规定将有助于维护、修理和改装人员方便地判断EWIS的分离要求。

(i) 第25.1707条规定了EWIS分离要求的确定。为符合H25.5(a)(3)款,申请人需要设法告知这些分离要求并将其放入持续适航文件中。例如:如果一架飞机使用电传飞控系统,且与飞控系统相关的EWIS和其他EWIS间至少需要2 in的物理分离,则这一信息必须包括在持续适航文件中。相似地,燃油箱系统中特定导线的分离可能是关键设计构型控制项目,进而成为一项适航限制。由于线束在维修时必须经常地移入移出,这些分离要求和限制为维修人员所需。

(ii) 持续适航文件中的分离数据可采用多种形式。如果特定机型使用电传飞行控制,制造厂可对与飞控系统相关的EWIS指定一特定的标识方案(根据第25.1711条要求),并在持续适航文件中声明这些指定的EWIS必须与其他EWIS保持XX量的分离,与其他飞机系统和结构保持YY量的分离。然后制造厂可对与其他飞机系统相关的其他EWIS重复这一信息。持续适航文件可揭示与机上娱乐系统等旅客便利系统相关的EWIS的识别方法,且这一EWIS必须与其他类别的EWIS或结构保持XX in的分离。

(iii) 规定的目的不是要求设计批准持有人或申请人为达到符合性而泄露其所有者信息,但是特定信息需要对改装人和维修厂开放,以确保未来改装和修理不会致使前期已审定的设计无效。

(6) H25.5(a)(4)款。该款要求持续适航文件中含有EWIS标识方法的解释信息和所有EWIS更改的标识要求。这一规定的目的是为确保未来改装新增的EWIS使用与飞机制造厂初始标识相同的标识方法。这一信息将帮助改装设计者和改装人员避免对当前EWIS进行不恰当的改装和修理,及对新EWIS进行不恰当的安装。这些人员需要查阅其所改装飞机适用的标准线路实施、EWIS标识要求和电气负载数据。

(7) H25.5(a)(5)款。

(i) 该款要求持续适航文件含有电气负载信息及对其进行更新的说明。电气负载信息及对其进行更新的说明对帮助确保将来的用电设备改装或增加不超过机上发配电系统的发电容量范围是不可或缺的。保持对飞机的实际电气负载进行记录对确保初始设计改装给发电系统增加的电气负载不超过发电系统供应必要电力并维持必要裕度的容量范围是很重要的。为符合本款要求,申请人需提供:每一正常发电机的发电容量;每一应急发电机的发电容量;每一电气汇流条的电气负载能力;每一电气汇流条的实际电气负载。

(ii)飞机制造商有责任为"即将交付的"飞机准备此条要求的电气负载数据并将其包含在持续适航文件中。后续的改装人有责任在计划的改装要求更新数据时[也就是当 25.1351(a)款要求时],更新电气负载数据。

4. 符合性验证方法与材料

可采用 MC1 方法来表明符合性。

## 4.3　条款符合性验证方法

在型号合格审查过程中,为了获得所需的证据资料以表明适航条的符合性,申请人通常需要采用不同的方法,而这些方法统称为符合性验证方法(MC,简称符合性方法)。为了统一审查方和申请人双方的认识,以便信息交流,在整理以前的审查经验和借鉴国外的管理成果的基础上,将符合性方法汇总为下述十种,如表 4-44 所示。审查中根据适航条款的具体要求选取其中一种或多种组合的方式来满足条款的要求。另外,为了便于编制文件,每种符合性方法赋予相应的代码。

表 4-44　符合性方法汇总表

| 代码 | 名称 | 使用说明 |
|------|------|---------|
| MC0 | 符合性声明 | 通常在符合性记录文件中直接给出 |
| MC1 | 说明性文件 | 如技术说明、安装图纸、计算方法、技术方案、航空器飞行手册等 |
| MC2 | 分析/计算 | 如载荷、静强度和疲劳强度、性能、统计数据分析,与以往型号的相似性等 |
| MC3 | 安全分析 | 如功能危害性评估(FHA)、系统安全性分析(SSA)等用于规定安全目标和演示已经达到这些安全目标的文件 |
| MC4 | 试验室试验 | 如静力和疲劳试验、环境试验等。试验可能在零部件、分组件和完整组件上进行 |
| MC5 | 地面试验 | 如旋翼和减速器的耐久性、环境等试验 |
| MC6 | 飞行试验 | 规章明确要求或用其他方法无法完全演示符合性时采用 |
| MC7 | 航空器检查 | 如系统的隔离、维修规定的检查等 |
| MC8 | 模拟器试验 | 如评估存在潜在危险的失效情况、驾驶舱评估等 |
| MC9 | 设备鉴定 | 设备的鉴定是一种过程,它可能包含上述所有的符合性方法 |

维修性专题审定基础是 CCAR-25 部相关条款,各项审定基础适用的符合

性方法如表 4－45 所示。

表 4－45　符合性方法表

| 条款号 | | ATA | 符合性方法（MC） | | | | | | | | | | | 验证说明 | 备注 |
|---|---|---|---|---|---|---|---|---|---|---|---|---|---|---|---|
| | | | 0 | 1 | 2 | 3 | 4 | 5 | 6 | 7 | 8 | 9 | | | |
| 25.611 | (a) | 所有 | | 1 | 2 | | | | | 7 | | | | 对该要求的符合性可通过如下方法表明：a) 采用说明性文件（MC1）的方法来表明，此类说明性文件包括维修性的需求定义和传递文件，以及需求被落实的证据文件；b) 采用分析（MC2）的方法，如维修性定性分析，区域维修性分析等，以表明维修性设计满足要求；c) 采用机上检查（MC7）的方法，来验证为持续适航所必需的检查、更换、勤务等维修工作。 | |
| | (b) | 88 | | 1 | 2 | | | | | 7 | | | | | |
| 25.671 | (b) | 27 | | 1 | 2 | | | | | 7 | | | | | |
| 25.735 | (d) | 32 | | 1 | 2 | | | | | 7 | | | | | |
| | (i) | | | 1 | 2 | | | | | 7 | | | | | |
| 25.783 | (a)(3) | 52 | | 1 | 2 | | | | | 7 | | | | | |
| | (e)(1)(2) | | | 1 | 2 | | | | | 7 | | | | | |
| | (f) | | | 1 | 2 | | | | | 7 | | | | | |
| 25.863 | (d) | 26 | | 1 | 2 | | | | | 7 | | | | | |
| 25.869 | (c) | | | 1 | 2 | | | | | 7 | | | | | |
| 25.899 | (a)(1)(2)(3) | 26 | | 1 | 2 | | | | | 7 | | | | | |
| | (b)(2) | | | 1 | 2 | | | | | 7 | | | | | |
| 25.901 | (a)(1)(2)(3) | 49、71－80 | | 1 | 2 | | | | | 7 | | | | | |
| | (b)(3) | | | 1 | 2 | | | | | 7 | | | | | |
| | (d) | | | 1 | 2 | | | | | 7 | | | | | |
| 25.963 | (c) | 28 | | 1 | 2 | | | | | 7 | | | | | |
| 25.971 | (c)(1)(2)(3) | 28 | | 1 | 2 | | | | | 7 | | | | | |
| 25.977 | (e) | 28 | | 1 | 2 | | | | | 7 | | | | | |
| 25.997 | (a) | 28 | | 1 | 2 | | | | | 7 | | | | | |
| | (b) | | | 1 | 2 | | | | | 7 | | | | | |
| 25.999 | (b)(1)(2)(3) | 28 | | 1 | 2 | | | | | 7 | | | | | |
| | (i) | | | 1 | 2 | | | | | 7 | | | | | |
| 25.1021 | (a) | 71－80 | | 1 | 2 | | | | | 7 | | | | | |
| | (b) | | | 1 | 2 | | | | | 7 | | | | | |
| 25.1161 | | 28 | | 1 | 2 | | | | | 7 | | | | | |

（续表）

| 条款号 | | ATA | 符合性方法（MC） | | | | | | | | | | 验证说明 | 备注 |
|---|---|---|---|---|---|---|---|---|---|---|---|---|---|---|
| | | | 0 | 1 | 2 | 3 | 4 | 5 | 6 | 7 | 8 | 9 | | |
| 25.1199 | (c) | 26 | | 1 | 2 | | | | | 7 | | | | |
| 25.1321 | (e) | 31 | | 1 | 2 | | | | | 7 | | | | |
| 25.1360 | (a) | 24 | | 1 | 2 | | | | | 7 | | | | |
| 25.1435 | (b)(5) | 29 | | 1 | 2 | | | | | 7 | | | | |
| 25.1529 | | 所有 | | 1 | | | | | | | | | | |
| 25.1541 | | 所有 | | 1 | | | | | | 7 | | | | |
| 25.1557 | (b)(1)(2)(3) | 28 | | 1 | | | | | | 7 | | | | |
| 25.1561 | (b)(c) | 25 | | 1 | | | | | | 7 | | | | |
| 25.1711 | (a) | 88 | | 1 | 2 | | | | | 7 | | | | |
| | (b)(1)(2)(c) | | | 1 | 2 | | | | | 7 | | | | |
| | (e) | | | 1 | 2 | | | | | 7 | | | | |
| 25.1719 | | 88 | | 1 | 2 | | | | | 7 | | | | |
| 25.1721 | (b) | 88 | | 1 | 2 | | | | | 7 | | | | |
| 25.1729 | | 88 | | 1 | | | | | | | | | | |
| M25.3 | (b) | 47 | | 1 | 2 | | | | | 7 | | | | |
| | (c) | | | 1 | 2 | | | | | 7 | | | | |

# 第 5 章　商用飞机维修人为因素审定的思考

## 5.1　引言

根据第 3 章的商用飞机维修人为因素设计要求以及对维修人为因素条款的研究,在我国大型商用运输类飞机的研制和适航审定过程中,开展了商用飞机的维修人为因素审查工作。

某型号大型商用运输类飞机是国内首次在适航审定阶段成立维修人为因素审查组的型号。此型号飞机研制过程中完成系统级维修人为因素设计分析工作,从维修可达、维修安全、维修简便、维修差错 4 个方面,对全机所有航线可维护件进行维修人为因素分析,审查组完成所有系统级维修人为因素分析报告的审查工作。此外,该型号审查组还对审定基础范围内的维修人为因素关联条款进行研究,完成并审查关联条款维修人为因素分析报告。该型号飞机维修人为因素审查组还协助了第 25.611 条可达性条款适航审定。围绕第 25.611 条适航审定,在如何进行可达性符合、MC1/2/7 如何开展等方面取得了突破进展。

虽然在该型号飞机维修人为因素审定过程中,开展了维修人为因素设计和审查工作,丰富了飞机的审查证据,但在维修人为因素审查过程中也发现了相应的问题。例如维修人为因素审查组没有可供独立审查的条款,在维修人为因素关联条款的审查过程,由于各条款由各专业审查组完成审查,维修人为因素审查组仅为配合其他审查组工作,故所有关联条款维修人为因素分析报告虽能丰富整个审查过程,但都不能作为符合性文件。此外由于维修人为因素没有专门条款,在进行各系统级设备的维修人为因素分析时,其判断依据和标准是主制造商的设计规范和标准,没有条款的约束,分析结果在突破主制造商企业内部标准后,仅进行了偏离处理,部分时候无法依据条款解决发现的维修人为因素问题。

正因为在之前型号维修人为因素审查过程发现了一些问题,故在进行后续型号的飞机维修人为因素审定前,应能起草适用于大型运输类飞机的维修人为因素条款,纳入 CCAR‐25 规章体系中,并制定相应的咨询通告指导各申请人完成对于维修人为因素条款的符合,这样才能避免上述型号飞机进行维修人为因素审查时出现的问题,让维修人为因素审查真正起到监督飞机维修人为因素设计的目的,减少飞机交付运营后出现大量维修问题。

目前部分与维修人为因素相关的适航条款如下。

第 25.611 条可达性措施(a)仅定义了持续适航所必需的检查、更换正常需要更换的零件、调整和润滑 4 个类型的维修任务,并没有覆盖所有维修任务。同时,仅说明需要具有措施,而这个措施的可接受度并没有明确,例如,为增强牢固性和密封性而对维修口盖涂胶,虽然能够表明对条款的符合,但实际运行和维护中是不可接受的。

第 25.611 条可达性措施(b)仅适用于 EWIS 部件的可达性。

第 25.671 条(操纵系统)总则(b)仅适用于飞行操纵系统的维修防差错设计。

第 25.735 条刹车(d)仅适用于停机刹车指示和刹车装置指示的视野可达。

第 25.783 条机身舱门(a)(3)仅适用于机身外部不需要使用工具开关的舱门的维修防差错设计。

第 25.783 条机身舱门(e)(1)(2)和(f)仅适用于机身舱门的维修安全设计。

第 25.901 条安装(a)(1)(2)(3)(b)(3)仅适用于动力装置部件的可达性。

第 25.901 条安装(d)仅适用于辅助动力装置部件的可达性。

第 25.963 条燃油箱:总则(c)仅适用于整体油箱内结构的可检性和可达性。

第 25.971 条燃油箱沉淀槽(c)仅适用燃油箱沉淀槽放液嘴的可达性。

第 25.977 条燃油箱出油口(e)仅适用于燃油箱出油口指形滤网的可视性和可达性。

第 25.997 条燃油滤网或燃油滤(a)仅适用于燃油系统沉淀槽放液嘴的可达性或燃油系统滤网的可视性和可达性。

第 25.999 条燃油系统放液嘴(b)(3)(i)仅适用于燃油系统放液嘴的可达性。

第 25.999 条燃油系统放液嘴(b)(2)仅适用于燃油系统放液嘴的勤务要求。

第 25.1021 条滑油系统放油嘴(a)仅适用于滑油系统放油嘴的可达性。

第 25.1101 条汽化器空气预热器的设计(b)(c)仅适用于进气系统汽化器空气预热器的可检性。

第 25.1719 条可达性规定：EWIS 仅适用于 EWIS 部件的可达性。

M25.3 可靠性指示和维修可达（b）仅适用于燃油箱防爆故障指示的可达性。

第 25.1435 条液压系统（b）仅适用于液压系统中飞机制造商指定的液压流体相应的标记标牌。

第 25.1541 条（标记和标牌）总则（a）（b）仅定义了飞机必须装有规定的标记标牌，并未强调包含供维修人员维护警告或注意事项、说明信息及数据等。

第 25.1557 条其它标记和标牌（b）（1）（2）（3）仅适用于动力燃油系统涉及的标记标牌。

第 25.1561 条安全设备（b）（c）仅定义了装有灭火瓶、信号装置或其他救生设备的位置及存放所需应急设备的设施的标记标牌。

第 25.1711 条部件识别：EWIS 仅适用于 EWIS 部件标记标牌。

由于维修人因要素设计要求是对以往的维修人为因素相关条款的补充，所以在进行系统、结构设计以及进行适航审定的过程中，考虑从维修可达、维修差错、维修安全和维修简便等方面进行分析。

## 5.2　工程实践

某型号大型商用运输类飞机在审定过程中，成立了维修人为因素审查组，对维修相关关联条款和整个飞机的维修人为因素设计水平进行评估，在制定明确的维修人为因素规章条款后，维修人为因素审查组的工作应以条款为核心，开展条款的符合性论证，并辅助关联条款的适航审查工作。此外，在进行维修人为因素的设计和审定工作中，创新性地成立了首家用户维修委员会，从客户角度发现维修性问题，提供维修人为因素设计建议和决策参考，并向维修人为因素审查组提供审查建议。

某型号大型商用运输类飞机是国内首个在适航审定阶段成立维修人为因素审查组的型号，也是国际上首个成立维修人为因素审查组的型号。其主要职责就是帮助审查并改善该型号飞机的可维修性设计。该型号维修人为因素审查组对全机所有 LRU 进行维修人为因素审查，并对关联条款进行维修人为因素审查，为后续的该型号飞机取证提供了丰富的证据材料。该型号飞机取证后，维修人为因素审查组继续为飞机运营交付提供了有力支持。

正是由于该型号飞机维修人为因素审查组成立的重大贡献，建议对后续型号的维修人为因素审定，成立专门的维修人为因素审查组。

维修人为因素审查组职责主要如下:

(1) 根据审定计划开展审查方飞机的维修人为因素适航审定;

(2) 开展维修人为因素条款及相关条款的审定工作,如第 25.611 条可达性措施等;

(3) 评审申请方飞机维修人为因素的设计状态,给出指导意见。

维修人员对航空运输系统起着至关重要的作用,随着飞机制造行业日新月异的科技提升,对维修人员也提出了高标准高要求。与此同时,他们需要忍受各种严苛的工作环境(如高温天气、极寒天气、密闭空间等),长时间、高强度的夜间工作,完成各项计划维修和非计划维修工作,以支持运输类飞机的正常运营。但是,即使是经过严格培训、定期考核,合格、健康、沉稳、负责的维修人员也会犯错。有些维修差错是由于飞机设计不合理直接导致的,有些维修差错是由于飞机设计诱导维修人员违规维修导致的。虽然大部分的维修差错并不会引起重大的安全事故,或是被及时发现并加以修正,但是对大量事故的分析结果表明,在大部分各种类型的航空器事故中,人为差错是最重要的影响因素。维修事故通常是由一系列的差错或是由与差错相关事件(如夜间作业、交接工作等)的结合而引起的,同时,飞机系统及结构的设计同样影响维修差错的发生概率。

规章要求的存在是为了通过对需要维修的设备提出一定的维修性要求以提高飞机安全性。在适航条款中规定了系统设备和结构的可达性要求、维修差错要求,如第 25.611 条、第 25.1719 条、第 25.671(b)条等。不过这些条款基本都未给出考虑维修人员自身因素时,飞机设计者如何应对。

## 5.3　推荐和建议

本节包含了对维修人为因素设计要求的讨论、解释说明、与其相符合的指导和其他要求。对以下几方面的内容提供了指导意见。

(1) 维修可达;

(2) 紧迫性、频繁性设计要求转化;

(3) 维修标识;

(4) 安装设备、维修工具、地面设备;

(5) 维修操作的预期;

(6) 维修差错;

(7) 维修空间设计的人因考虑;

(8) 环境因素的设计考虑。

### 5.3.1 维修可达

每个维修对象应当具备可达性。可达性，应当理解为接近该对象的路径和方式容易理解且容易明确。

维修对象的可达性应当可以供维修人员在维修开始前进行精确的预测或者进行明显的评价。这包括维修人员能够使用单独的工具或无须工具，无须进行前置维修操作或可通过简单的维修操作即可操作一个或多个维修对象，所有的维修行为是可以实施和完成的。

1) 维修对象

维修对象为飞机上系统设备和结构，设备包括了所有在飞机级航线和基地需要适航认证（批准放行证书/适航批准标签）的零部件，这其中包含动力装置、APU 等可以在飞机级航线和基地上维护的零部件以及 EWIS 部件，结构包括了需要进行持续适航检查的 PSE 和 SSI 项目以及一般需要更换的结构项目。

动力装置和 APU 相关（ATA49 和 ATA71）的维修对象的维修人为因素设计要求，由 CCAR‑33 部进行说明，并在 CCAR‑33 部中完成条款符合性工作。

2) 维修任务

维修任务包含一般目视检查、详细检查、特殊详细检查、目视检查、操作检查、功能检查、拆卸/安装、更换、润滑、勤务、调整、清洁、MMEL 项目隔离/恢复等。一般情况，为保证分析维修任务的完整性，可以通过按照计划维修任务和非计划维修进行分类。计划维修任务和非计划维修任务的任务内容可能一致，但其任务环境存在不同，设计时应考虑严苛情况或常规情况。

目视检查类任务来源于计划维修任务，在结构 ALI、CMR 和 SMR（计划维修要求）分析中会产生对应的结构检查、设备检查和区域检查（EWIS 检查）任务。

操作/功能检查类任务来源分为两部分：计划维修任务和非计划维修任务。计划维修任务主要为 CMR、MSG‑3 分析中产生的设备检查。非计划维修任务对应于设备拆卸后安装或更换后执行检测是否正确安装的检查任务。

拆卸/安装类任务来源分为两部分：计划维修任务和非计划维修任务。计划维修任务为在 CMR、MSG‑3 分析中产生的恢复和报废任务。非计划维修任务对应于故障设备的恢复工作。

润滑/勤务/清洁任务来源于计划维修任务，在 MSG‑3 分析中产生对应的结构、设备和 EWIS 的润滑、勤务、清洁任务。

调整类任务来源分为两部分:计划维修任务和非计划维修任务。计划维修任务为在 CMR、MSG - 3 分析中产生的设备和机构的调整。非计划维修任务对应于设备拆卸后安装或更换后执行的调整。

MMEL 项目任务来源于非计划维修,在 MMEL 产生过程中对于维修人员所执行的 M 项目的隔离和恢复。

3) 维修通道

维修任务的维修通道主要从接近可达性、任务可达性、任务实施三个方面考虑。

接近可达性指接近维修对象的过程,主要涉及接近口盖的尺寸,遮挡的设备或结构。接近口盖尺寸可根据维修人员所在国家的相关标准和行业规定确定。但一般来说,运输类飞机的接近口盖尺寸并不能完全满足相关标准,设计评估时,可通过虚拟仿真分析或者试验假件分析对接近口盖尺寸进行评估。

任务可达性可以从视野可达性、实体可达性、维修工具(或徒手)可达性三个方面进行考虑。视野可达性主要考虑任务实施过程中,是否可以目视到任务实施处。目视可以从直接目视开始,如果无法直接目视,可以使用反光镜,如果无法实施,可以寻找是否有合适的目视手段。实体可达性主要考虑任务实施中,是否需要人体接近到任务实施处,并能够实施任务所对应的操作。工具可达性主要考虑任务实施中,是否需要工具接近到任务实施处,并且工具是否有足够的操作空间。工具的选择首先考虑标准工具,如果标准工具无法实施,则需要考虑是否有适用的特殊工具。任务实施主要是考虑拆卸安装任务,拆卸安装的设备本体搬运移出的路径是否有被阻挡。

### 5.3.2　紧迫性、频繁性设计要求转化

不同维修对象对应的维修任务种类不同,这些任务对应的紧迫性和频繁性不尽相同,这也使得维修对象的可达性在与维修间隔或者维修频次的匹配上可以完全不同。

1) 紧迫性设计要求转化

维修任务紧迫性主要是针对航线运营阶段,当飞机在过站、航前或者航后出现设备故障时,必须能够保证航前、过站或者航后第二天的正常放飞,否则将会引起正常航班运营的延误,甚至出现航班取消或者调机飞行,这就是任务紧迫性对维修对象可达性提出的要求。

　　这里需把维修对象区分为属于主最低设备清单(MMEL)项目和非 MMEL 项目。在航前、过站或者没有维修能力的航后,MMEL 项目出现故障,航空公司会按照 MMEL 项目等级决策进行 MMEL 项目的 M 操作,MMEL 项目的 M 操作的可达性要求非常高,一般要求能在 15 分钟(一般技术延误按 15 分钟为界定标准)内完成整个 M 操作的故障隔离任务。

　　对于非 MMEL 项目,理论上要求这些项目应能不影响飞机正常放飞,所以设计要求提出时,一般是要求非 MMEL 项目整个排故过程要求 15 分钟内完成,当然一些部件因为可达性原因无法满足紧迫性要求,这就与任务的频繁性设计关联,不容易出现故障的非 MMEL 项目的整个排故维修时间可以大于 15 分钟。

　　2) 频繁性设计要求转化

　　维修任务的频繁性设计可以区分航线任务和定检任务。

　　对于航线任务来说,任务的频繁性根据设备的故障概率决定,可靠性指标平均故障间隔时间(MTBF)或者平均非计划拆换间隔时间(MTBUR)是用来表征设备故障(也就是维修任务频繁性)的指标。当设备的 MTBF 低于某个特定值时,就认为这个故障出现的排故维修任务是频繁的,需要该设备的维修可达性要高。

　　定检任务按照字母检 A 检、C 检、D 检,对维修对象的可达性提出不同要求,一般来说 C 检以下任务,对可达性的要求较高。

　　一般的可达性措施与检查间隔的匹配关系如表 5-1 所示。

表 5-1　可达性措施与检查间隔时间匹配关系

| 任务类型 | 口盖要求 | 紧固件要求 | 密封剂要求 | 操作空间要求 | 地面设备要求 |
|---|---|---|---|---|---|
| 勤务任务(每日/每航段) | 无须开启口盖/可徒手打开的快卸铰链口盖 | 不允许拆卸紧固件 | 不允许使用任何形式的密封剂 | 不允许拆卸/移动任何设备、结构、管线路 | 允许借助普通工作梯 |
| 勤务任务(定期) | 无须开启口盖/可徒手打开的快卸铰链口盖/可使用通用工具开启的口盖 | 可以接受使用通用工具拆卸螺纹紧固件 | 不允许使用任何形式的密封剂 | 不允许拆卸/移动任何设备、结构、管线路 | 允许借助普通工作梯 |
| MMEL 项目任务 | 无须开启口盖/可徒手打开的快卸铰链口盖 | 可以接受使用通用工具拆卸螺纹紧固件 | 可接受密封剂未完全固化前使用金属胶带作为临时处理措施 | 不允许拆卸/移动任何设备、结构、管线路 | 允许借助普通工作梯 |

（续表）

| 任务类型 | 口盖要求 | 紧固件要求 | 密封剂要求 | 操作空间要求 | 地面设备要求 |
|---|---|---|---|---|---|
| C 检以内任务（机坪实施） | 无须开启口盖/可徒手打开的快卸铰链口盖/可使用通用工具开启的口盖 | 可以接受使用通用工具拆卸螺纹紧固件 | 可接受密封剂未完全固化前使用金属胶带作为临时处理措施 | 不允许拆卸/移动任何设备、结构、管线路 | 允许借助普通工作梯 |
| C 检以内任务（基地实施） | 无须开启口盖/可徒手打开的快卸铰链口盖/可使用通用工具开启的口盖 | 可以接受拆卸铆钉 | 可接受密封剂未完全固化前使用金属胶带作为临时处理措施 | 不允许拆卸/移动任何设备、结构、管线路 | 允许借助普通工作梯/升降梯 |
| C 检以上任务 | 无须开启口盖/可徒手打开的快卸铰链口盖/可使用通用工具开启的口盖 | 可以接受拆卸铆钉 | N/A | 允许拆卸/移动设备、管线路以便于检查结构 | 允许借助普通工作梯/升降梯 |

### 5.3.3　维修标识

本小节适用于维修人员为保证飞机持续适航所开展的维修活动中需要维护的对象，对维护对象所开展的维修活动应简便，并能够保证维修过程所需识别的说明、警告等信息清晰明了。

1）对标识对象的说明

（1）维修标识应主要包括设备标识、危险标识、重量标识、说明标识、指示标识数据标识等。

（2）维修人员在维护设备时应当需要了解、知悉设备本身属性，其中包含了设备信息、说明、警告、注意事项等，这些信息不应只存在于维修人员本身的认知和理解中，本着维修简便的原则，要求在设备标注说明信息、注意事项等。

（3）当维修人员维护高压、高温、电击等存在安全风险的设备时，为安全起见，警告信息和注意事项必不可少。

2）对呈现方式和位置的要求

（1）设备的识别信息、警告或注意事项、说明信息及数据等以清洗明了的方式和位置呈现是必不可少的，应当使用定性显示形式，因为这样能更好地传递趋势信息。当需要进行涉及精确数值的任务时，最好使用定量的信息显示形式。定性显示中包含数字标尺，应当使得数值的单位和刻度是可用的，标识应简短，采用维修人员熟悉的词语，只有在可以预期所有维修人员都知道的情况下，才可使用缩写或抽象术语。

（2）显示形式特征如字体、符号、图标和颜色应当使得维修人员在较为舒适的姿势下，仅依靠头部正常运动即可视，并且显示内容是清晰的，例如使用箭头等标识时，应当使用轮廓清晰、易于远距离识别的图标。

（3）可读性必须在自然光或光照射情况下得到满足，并且应当在其他极端恶劣条件下，如震动、低温、高温中也能够满足。标识的位置不会被灰尘、湿气或其他异物遮挡，并且需要符合维修人员的阅读习惯，从左至右或从上至下阅读，字体或者字母的大小和间距应使维修人员在任何条件下均可阅读。

（4）警告信息、注意事项应尽量用清晰明了显眼的颜色和字体标注，例如红色、琥珀色、黄色底黑字、黑体加粗等，同时，颜色应能够被色觉正常和色觉不足的人区分并阅读。

（5）不建议非警告、注意事项标记标牌广泛地使用红色或琥珀色，以区分警告标牌注意事项和其他设备通用信息，避免出现视觉疲劳而忽略了警告信息和注意事项。

### 5.3.4　维修操作的预期

型号申请人对预期维修操作的描述应当足够详尽、具体，这样局方才能评估系统设计是否与维修人员的操作相适应。例如，对"起落架舱门收放操作任务"必须做进一步的解释和表述，说明各种不同的起落架是以不同的方式进行收放。型号申请人可能应在更高的新颖性、复杂性对设计做更详尽的描述。

型号申请人应当对以下维修操作做描述：

（1）安装设备的每一项；

（2）安装设备维修工具的每一项；

（3）安装设备维修设备的每一项；

（4）该安装设备、维修工具、维修设备的单独特征或功能。

这种类型的信息通常由维修人员操作手册提供，它们描述了特征、维修方法、维修提醒与指示以及维修的具体动作。

新颖性特征可能需要更多的细节，而先前审查的有关维修人为因素的特征通常要求不那么严格。具有新颖性特征的设计需要格外仔细检查其功能。型号申请人可通过以下问题评估对维修操作的描述是否详尽和具体：

（1）是否每一特征和功能有声明的目的？

（2）维修操作是否同描述的飞机功能和维修测试的目的相关？

（3）基于提供的信息，在维修操作开始前，希望维修人员做出什么样的评估、决策和行动？

（4）在维修操作中需要假定哪些无法明确的信息？

（5）是否有关于维修操作所处环境的假设或要求？

（6）对维修人员的能力做了何种假设或要求？

### 5.3.5　维修差错

每一个维修对象应当在不需要过度保护的情况下提供完整的、易于实施的维修操作。主要目的是限制和降低对飞机设备、人员、维修工具和设备的负面影响。

维修差错的分析对象由飞机设备的本体、设备安装紧固件、线束、管路、电插头、管接头等构成。根据维修差错的划分层次，可形成飞机维修差错对象分类表，如表 5 - 2 所示。

表 5 - 2　飞机维修差错对象分类表

| 类　型 | 对　象 |
|---|---|
| 设备级 | 同一设备（电接头） |
| 设备级 | 同一设备（管接头） |
| 设备级 | 设备（本体） |
| 设备级 | 设备紧固件 |
| 系统级 | 同一系统（电接头） |
| 系统级 | 同一系统（管接头） |
| 区域级 | 同一区域（EWIS） |

在明确取证构型之前，应对各设计构型的维修差错情况进行分析，这样可以做到即使某架次设备为取证构型，也能根据各设计构型的分析结论给出相应的防差错分析结论，为随后开展的机上检查符合性试验的构型差异评估提供了一定基础。

应对每个项目维修差错的后果明确。当维修差错后，失效影响等级为Ⅰ、Ⅱ、Ⅲ时，对应设备维修差错设计方式需要被重点关注。

例如从用电角度考虑，假设电气设备属于高电压设备，2 个供电线路接反，虽然对于飞机本身的安全性来说，没有影响。但在某一设备故障时，维修人员可能按照正常构型时的飞机维护程序进行操作，断开故障高电压设备的断路器，准备进行后一步维修操作。但如果供电线路接反，维修人员则极可能直接接触带电设备,高电压将对维修人员产生极大的安全危害。根据 AC 25.1360-1A 明确指出电压水平警告。在维修或服役期间可能存在危害的地方,带有超过 50 V 均方根电压的飞机设备应该在设备外部或面板上注明电压,通过此面板可以接近设备。

例如火灾探测、抑制和灭火系统的设计及布局导致维修人员在这些系统上错误连接电气和管道连接。这也发生在故障排查过程中、生产过程中以及更换灭火瓶时。维修历史显示,火灾探测、抑制和灭火系统的电气和管道连接设计不良会导致维修中的误连接。其中一些事件促使 FAA 通过适航指令强制要求设计修改。设计修改包括改变管道配件尺寸、电气连接器以及软管和电线的长度,使得物理上不可能发生误连接和交叉连接。此外,FAA 还推荐对每个连接器、线束和管子进行颜色编码和标记,以协助维修人员进行正确连接。这些更改减少了或消除了错误连接阻碍系统继续运行的可能性。

设计阶段维修差错设计措施可分为以下 5 类。

1) 物理措施

通过差异化的物理设计,有效进行区别,做到即使发生差错也能立即发现。防止错误组装或连接的可接受手段主要包括:

(1) 相互之间的物理分离连接。如物理分离意味着不应依赖包含的线和软管绑带;设备的电插头/管接头或其他结构的形式不同。

(2) 除了分离之外的设计细节,如连接器键控或使用不同大小和形状的连接器等物理特征,防止误连接;连接器移动性,如在活动电气线路上的母连接器和在安装的飞机不可移动部分上的公连接器;相邻的同性别连接器(公对公或母对母)。

2) 线束/管路措施

(1) 通过连接线束或管路或螺钉的直径进行区别,如线束采用不同长度和敷设路径确保至少一个连接器由于线束长度不够而无法完成对接。

(2) 通过线路/管路敷设路径的变化实现连接器防差错。导管采用不同敷设路径,不同长度以及卡箍与支架的位置等确保至少一个管路接口由于管路长度不够而无法完成对接。通过连接措施的设计,做到无法实现差错,从而达到防差错的效果。

(3) 通过线路/管路敷设卡箍的变化实现连接器的防差错。

3) 标识措施

(1) 通过设备上设置的颜色进行区分;

（2）当管道被标记以区分其功能时，标记应使维修人员混淆的风险降至最低。仅通过颜色标记来区分是不可接受的；

（3）如果识别依赖于关键要素，且符号与功能之间的任何关系都被仔细避免，则使用字母或数字符号是可以接受的；

（4）通过设备上设置的符号（例如箭头、刻线）进行区分；

（5）设备上设置有说明标牌，说明标牌上应有准确的数据和有关注意事项。在设备的表面或者邻近位置设置标识，通过目视检查比较直观地进行区分，措施简单。

4）工程文件措施

采用工程文件（如安装技术条件相关的防差错提示或警告信息）预防差错。飞机工作都应有工程文件，各类文件本身是否正确，且图纸之间是否适配，以及是否满足设备防差错要求等等。在工程文件设置醒目的警示文件，可以将复杂的防差错工作简单化，防止误操作。

5）程序检验措施

通过机上试验程序（OATP）检测差错或在飞机维护手册（AMM）编写程序检测差错（如发动机 FADEC 试验或全机通电试验），使飞机在维护时，即使发生差错也可通过试验有效地检测出发生差错的情形，从而在飞机放飞前，纠正差错，提高飞机安全。

各项维修差错措施在不同维修差错安全性影响等级下的适用性如表 5 - 3。

表 5 - 3　维修差错措施在不同维修差错安全性影响等级下的适用性

| 影响评估 | 物理措施 | 线管措施 | 标识措施 | 文件措施 | 程序措施 |
|---|---|---|---|---|---|
| Ⅰ类 | 接受 | 需讨论材料 | 不接受 | 不接受 | 需要 |
| Ⅱ类 | 接受 | 需讨论材料 | 不接受 | 不接受 | |
| Ⅲ类 | 接受 | 接受 | 需讨论材料 | 需讨论材料 | |
| Ⅳ类 | 接受 | 接受 | 接受 | 接受 | |
| Ⅴ类 | 接受 | 接受 | 接受 | 接受 | |

## 5.3.6　维修空间设计的人因考虑

### 5.3.6.1　人体尺寸

设计时，应按照使用和维修人员所处的位置、姿势与使用工具的状况，并结合人体度量（身高、体型及各部分活动范围等），提供适当的操作空间，使维修人员有个比较合理的姿势,尽量避免以跪、卧、蹲、趴等容易疲劳或致伤的姿势进行操作。至少在以下涉及维修性的设计中必须考虑人体量度:

（1）工作空间尺寸。根据维修作业需要采取的适宜姿势（最好是立姿、坐姿）,按身高、坐高、最大体宽、坐姿下肢长等确定必需的操作空间。

（2）维修通道、口盖尺寸。这些尺寸需考虑通过的人体、肢体及物体尺寸确定。

（3）设备布局、位置。例如机载设备的布置和位置,应便于维修人员站立着进行操作,这就需要考虑立姿时人手的高度和活动范围,通常要求设备布置在飞机中心轴附近,离地面 0.82～1.90 m 范围内,尽量表面布置在底部或顶部。

（4）操作手柄、转轮等的尺寸、位置及间隔。

（5）维修工具、器材的形状、尺寸和固定位置。工具、器材的形状、尺寸应考虑手的尺寸以便于握持,而其固定位置则应考虑人及手的高度确定,以便于取用。

### 5.3.6.2　体力

维修产品需要人的体力,而人的力量是有限的。若维修作业对人的体力要求过高,则会降低效率甚至影响安全,反之,低估了人的体力,则可能导致不必要的设计和资金浪费,应根据人的力量限度设计产品。设计时,应考虑维修人员在举起、推拉、提起及转动物体等操作中的人的体力限度。设计产品操作力主要取决的因素如下:

（1）身体的姿势,如立姿、坐姿和跪姿等。

（2）用力的身体部位,如手、脚、手指、单手或双手等。

（3）施力的方向,如是推还是拉。

（4）施力的位置,如着力点的高低。

（5）是否有支撑。

（6）持续时间和用力快慢等。

### 5.3.6.3　感觉

与维修工作关系密切的感觉包括视觉、听觉、触觉、心理因素等。

1）视觉

产品设计中必须考虑维修中人的视觉能力及其发挥,涉及照明、显示器尺寸及布置等的具体设计:

（1）各种显示器、警告灯、监控仪表灯应设置在使用人员最佳视野范围内。

（2）显示、报警信号与标志,同背景要有鲜明色差。

(3) 对于在恶劣条件下维修的产品,应从设计上降低维修时对照明的需求,使维修时不用或只需用简易照明手段(如手电筒等)。

(4) 各种视觉显示器(如指示灯、刻度盘指示器、阴极射线显示器、发光管、液晶显示器等)的设计,应满足有适当的亮度、亮度比、视距等要求。

为保证维修作业的精度、速度和安全,应给维修人员提供充足的照明。照明系统设计应考虑如下因素:

(1) 亮度适合手边工作。

(2) 统一的照明。

(3) 使操作与背景之间形成反差。

(4) 没有来自光源或工作面的强光导致眩光。

2) 听觉

在维修性设计中,与听觉有关的问题包括各种听觉指示器和噪声防护等。

听觉指示设计应考虑如下因素:

(1) 合理选用视觉和听觉指示,对于重要的尤其是关系安全性的指示,也可采用视听结合指示。

(2) 采用听觉指示时,要合理选择听觉(音频)信号。

(3) 采用不同频率、声强的听觉信息指示不同的情况。如果维修人员需要同时监听几种听觉信号,这些信号必须超过正在维修的设备的声音以便识别,并且这些信号应具有不同的频率以便辨别其含义。

过分的噪声会分散维修人员的注意力,降低工作效率,引起他们的烦躁,并使之更易疲劳。噪声还可能使人员之间难以或无法进行口头上的联络。强噪声则可能使人员受到生理上的影响。具体设计考虑:

(1) 噪声水平应满足行业要求。如果噪声难以避免,对维修人员应有防护措施。

(2) 产品及其保障资源设计、规划时,要考虑控制维修时的噪声,减少维修人员对噪声的暴露强度和暴露时间。

3) 触觉

在夜间或其他黑暗条件下、噪声严重的条件下、维修作业时必须同时"目不转睛"地监控另一地方的情况下,可使用触觉提示作为视觉、听觉的补充。例如使零部件具有独特的形状和大小,以便于在黑暗条件下用手摸索区分。在某些难于结合的部位,设计导向的过渡锥面、刻度等也是必要的。在各种仪器设备上,采用不同形状、尺寸的旋钮、按键,也是利用触觉感知,便于操作、维修的有效途径。

4）心理因素

人的心理因素包括适应性、智能、态度、动机和品行等。这些因素关系到维修的质量、效率和损耗，特别是同维修中的人为差错有密切关系。要从产品设计、维修工作环境、训练等方面，充分发挥维修人员的积极性和潜在能力。

设计时应考虑使维修人员的工作负荷和难度适当，以保证维修人员的持续工作能力、维修质量和效率。

### 5.3.7　环境因素的设计考虑

产品设计时一方面应尽量使自然的和诱发的环境因素及其组合所造成的故障或损伤风险降到最低程度，以减少维修的要求；另一方面，应考虑维修环境，避免使维修人员在恶劣环境下工作。设计应考虑产生这些不利影响的环境因素，采取措施抑制、减少这些因素的影响。

1）气候

人员所处环境的温度、湿度和空气流动（风）是影响最明显、最经常的环境因素。当温度高于舒适范围时，人的思维和动作反应减慢，人体机能降低，差错率增大；低温、严寒对人的生理和心理上也会造成影响，最为明显的是使维修人员动作迟缓乃至手足冻僵，穿上棉（皮）衣和带上连指手套难以达到维修部位和动作不灵活。在产品设计中应采取措施减少这些影响。例如，

（1）炎热气候下作业，应给执行维修任务的地方提供适当的通风或空调。在过高温度妨碍频繁维修的部位，应设计产品以使需要检查或调整的部位位于较凉爽的区域，无法满足时为部件提供冷却；

（2）寒冷气候下作业，所设计的产品和规定的程序应使现场维修的持续工作的时间尽可能短以缩短人员在寒冷环境中的停留时间。当设置通道口盖和舱门时，提供足够大的通道口和工作空间以适应穿着防寒服的人员进出。提供戴着棉手套的人可以使用的排放阀，排放阀应易于接近且位置适当，以保证液体排放，从而防止结冰而造成的损伤。在维修人员裸露的手可能冻结在寒冷的金属或其他寒冷表面的地方，应提供足够大的通道和工作空间，以便维修人员可以戴上防护手套操作。

2）振动

振动对维修人员的思维和行为都会有损害。轻则妨碍精密的操作与观测、判读量具仪表，增加人为差错和疲劳（尤其是眼疲劳），重则使维修工作不能继续进行，甚至引起晕动病、头痛、呕吐等症状。振动对人员的影响程度同振动的频

率、加速度和人员在振动环境中的暴露时间有关。设计时,为了减轻振动环境对人员的影响,应控制运载工具或机械产生的振动参数。在振动环境不能避免的情况下,应在设计时为维修人员提供振动隔离措施、适当的旋转机械平衡和有效冲垫的作为等,以减轻其影响。

3) 机械伤害

产品设计时,应防止产品对维修人员带来机械伤害,导致人员伤亡。例如,运动件应有防护遮盖,对通向运动件的通道口、盖板或机壳,应采取安全措施并做出警告标志。维修时肢体必须经过的通道、手孔等,不得有尖锐边角。工作舱的开口或护盖等的边缘都必须制成圆角或者盖橡胶、纤维等防护物;舱口应有足够的开度,便于人员进出或工作,以防损伤。维修时需要移动的重物,应设有适当的提把或类似的装置;需要挪动但并不完全卸下的产品,挪动后应处于安全稳定的位置。通道口的铰链应根据口盖大小、形状及装备特点确定,通常应安装在下方或设置支撑杆将其固定在开启位置,而不需用手托住。

4) 静电、电击、电磁辐射

产品设计时,应防止产品带来静电、电击、电磁辐射危害。应当减少维修中的静电放电及其危害,确保人员和装备的安全。对可能因静电或电磁辐射而危及人身安全、引起失火或起爆的装置,应有静电消散或防电磁辐射措施。设备各部分的布局应能防止维修人员接近高压电,带有危险电压的电气系统的机壳、暴露部分均应接地。维修工作灯电压不得超过 50 V。对于高压电路(包括阴极射线管能接触到的表面)与电容器,断电后 2 s 以内电压不能降到 50 V 以下者,均应提供放电装置。为防止超载过热而损坏器材或危及人员安全,电源总电路和支电路一般应设置保险装置。复杂的电气系统,应在便于操作的位置上设置紧急情况下断电、放电的装置,对电气电子设备、器材产生的可能危害人员与设备的电磁辐射,应采取防护措施,防护值达到有关安全标准。

5) 火、爆炸、毒

设计的产品应使维修人员不会接近高温、有毒性的物质和化学制剂、放射性物质,以及处于其他有危害的环境。否则,应设防护与报警装置。对可能发生火险的器材,应用防火材料封装。尽量避免采用在工作时或在不利条件下可燃或产生可燃物的材料,必须采用时应与热源、火源隔离。产品上容易起火的部位,应安装有效的报警器和灭火设备。

产品设计不仅应保证使用安全,而且应保证存储、运输和维修时的安全。要把维修安全纳入系统安全性的内容。设计时,应使产品在故障状态或分解状态进行维修是安全的。在可能发生危险的部位上，应提供醒目的标记、警告灯或声响警告灯辅助预防手段。严重危及安全的组成部分应有自动防护措施。不要将损坏后容易发生严重后果的组成部分设置在易被损坏的位置。凡与安装、操作、维修安全有关的地方，都应在技术文件、资料中提出注意事项。对于盛装高压气体、弹簧和对于带有高压电灯储有很大能量且维修时需要拆卸的装置，应设有备用释放能量的结构和安全可靠的拆装设备、工具及防护物。

# 附录 缩略语

| AC | Advisory Circular | 咨询通告 |
|---|---|---|
| ADAMS | aircraft dispatch and aircraft maintenance safety | 飞机签派和维修安全 |
| AFHA | aircraft functional hazard assessment | 飞机级功能危险性评估 |
| ALI | airworthiness limitations item | 适航限制项目 |
| AMM | aircraft maintenance manual | 飞机维修手册 |
| AMPOS | aircraft maintenance program optimization system | 飞机维修程序优化系统 |
| APU | auxiliary power unit | 辅助动力装置 |
| ARP | aerospace recommended practice | 航空航天推荐实践 |
| ATA | Air Transport Association of America | 美国航空运输协会 |
| CAAC | Civil Aviation Administration of China | 中国民用航空局 |
| CAD | computer aided design | 计算机辅助设计 |
| CCAR | China Civil Aviation Regulation | 中国民航规章 |
| CE | concurrent engineering | 并行工程 |
| CMR | certification maintenance requirements | 审定维修要求 |
| EEAM | element event analysis method | 基元事件分析方法 |
| ETOPS | extended-range operation | 双发延程飞行 |
| EWIS | electrical wiring interconnection system | 电气线路互联系统 |
| FAA | Federal Aviation Administration | 美国联邦航空管理局 |
| FADEC | full authority digital engine control | 全权限数字发动机控制器 |
| FC | failure condition | 失效状态 |

（续表）

| | | |
|---|---|---|
| HFACS | human factors analysis and classification system | 人为因素分析与分类系统 |
| HFACS - ME | The Human Factors Analysis and Classification System-Maintenance Extension | 美国海军航空维修人为因素分析和分类扩展系统 |
| HFE | human factor engineering | 人为因素工程 |
| ICAO | International Civil Aviation Organization | 国际民航组织 |
| IEA | International Ergonomics Association | 国际工效学会 |
| IPD | integrated product development | 集成产品开发 |
| ISASI | International Society of Air Safety Investigator | 国际航空安全调查员协会 |
| JAA | Joint Aviation Authority | 欧洲联合航空局 |
| JAR | Joint Aviation Requirements | 联合航空要求 |
| LCC | life cycle cost | 全寿命周期成本 |
| LRU | line replaceable unit | 航线可更换单元 |
| MC | means of compliance | 符合性方法 |
| ME | maintainability engineering | 维修性工程 |
| MEDA | maintenance error decision aid | 维修失误决断方法 |
| MMEL | master minimum equipment list | 主最低设备清单 |
| MSG | maintenance steering group | 维修指导小组 |
| MTBF | mean time between failures | 平均故障间隔时间 |
| MTBUR | mean time between unscheduled removals | 平均非计划拆换间隔时间 |
| MTTRF | mission time to restore function | 恢复功能用的时间 |
| N/A | not applicable | 不适用 |
| OATP | on aircraft test procedure | 机上试验程序 |
| PSE | principal structural element | 主要结构元件 |
| PSSA | preliminary system safety assessment | 初步系统安全性评估 |

| RMaRIA | risk management and risk incident analysis | 危险管理分析和危险事件分析法 |
|--------|---------------------------------------------|------------------------------|
| SAE | Society of Automotive Engineers | 美国汽车工程师学会 |
| SFHA | system functional hazard assessment | 系统功能危险性评估 |
| SMR | schedule maintenance requirement | 计划维修要求 |
| SSA | system safety assessment | 系统安全性评估 |
| SSI | structural significant item | 重要结构项目 |

# 索　引

维修　1

维修性　8

人为因素　5

维修人为因素　7

防差错设计　44

可靠性　12

安全性　1

平均故障间隔时间　154

维修性设计准则　56

可达性　43

实体可达性　43

可视性　51

互换性　58

模块化　58

标准化　58

计划维修　46

非计划维修　151

航线可更换单元　44

机内测试　69

故障诊断　69

故障隔离　154

更换　43

虚拟维修　50

地面支援设备　61

维修差错　6

标准人体尺寸　14

听觉　25

视觉　20

触觉　28

适航条款　78

适航性　133

持续适航　133

局方　78

适航指令　158

中国民用航空局　6

美国联邦航空管理局　7

# 参 考 文 献

[1] 花迎春.航空维修中的人为因素及应用[M].北京:中国民航出版社,2010.

[2] 国际民航组织.国际民用航空公约[Z].1947.

[3] 中国民用航空局.航空人员的维修差错管理(AC-121-007)[Z].2002.

[4] 崔伯瑞.交互设计中的视觉工效研究[D].北京:北京邮电大学,2017.

[5] 张铁纯,刘珂.人为因素和航空法规:ME、AV[M].2版.北京:清华大学出版社,2017.

[6] 裴博.基于航空维修中的人为因素研究[D].上海:复旦大学,2011.

[7] 丁玉兰.人机工程学[M].5版.北京:北京理工大学出版社,2017.

[8] 全国人类工效学标准化技术委员会.中国成年人人体尺寸:GB 10000—2023[S].2023.

[9] 刘宝善,王兴伟.航空人体测量学[M].北京:北京航空航天大学出版社,2014.

[10] 顾铮,李艳军.航空人因设计与适航审定[M].北京:北京航空航天大学出版社,2019.

[11] 乔治·D.泽古莱兹,克里斯蒂·S.泽古莱兹.不再疲惫[M].北京:中国人民大学出版社,2008.

[12] Bakker A B, Demerouti E, Verbeke W. Using the job demands-resources model to predict burnout and performance [J]. Human Resource Management, 2004,43(1):83-104.

[13] 张倩.疫情背景下飞行员工作压力对不安全行为的影响研究[D].武汉:武汉理工大学,2021.

[14] 姜毅.浅析管制员习惯对民航安全的影响[J].科协论坛(下半月),2011(9):143-144.